无意识顺从与觉知

[美]埃伦·兰格 著

刘家杰 译

图书在版编目（CIP）数据

无意识顺从与觉知 /（美）埃伦·兰格著；刘家杰
译. -- 北京：中信出版社，2024.5
ISBN 978-7-5217-6359-1

Ⅰ.①无… Ⅱ.①埃…②刘… Ⅲ.①心理学－通俗读物 Ⅳ.①B84-49

中国国家版本馆CIP数据核字（2024）第064163号

THE MIINDFUL BODY: Creating Chronic Health in the Age of Possibility by Ellen J. Langer
Copyright © 2023 by Ellen J. Langer, PhD
This edition is published by arrangement with Ballantine Books, an imprint of Random House, a division of Penguin Random House LLC
Simplified Chinese translation copyright © 2024 by CITIC Press Corporation
ALL RIGHTS RESERVED
本书仅限中国大陆地区发行销售

无意识顺从与觉知
著者：[美]埃伦·兰格
译者：刘家杰
出版发行：中信出版集团股份有限公司
（北京市朝阳区东三环北路27号嘉铭中心　邮编　100020）
承印者：河北鹏润印刷有限公司

开本：880mm×1230mm　1/32　印张：8　字数：164千字
版次：2024年5月第1版　印次：2024年5月第1次印刷
京权图字：01-2023-2815　书号：ISBN 978-7-5217-6359-1
定价：69.00元

版权所有·侵权必究
如有印刷、装订问题，本公司负责调换。
服务热线：400-600-8099
投稿邮箱：author@citicpub.com

目录

前言 // V

第 1 章 谁在制定规则? // 001
规则的社会建构 // 006
边界效应的隐性成本 // 008

第 2 章 风险、预测和控制幻觉 // 017
冒险的神话 // 019
情境与行为 // 021
风险与预测 // 025
解读风险的随意性 // 029
控制的幻觉 // 035
我们能控制什么? // 039
防御性悲观与觉知乐观 // 042

第3章　资源有限假设与富足的世界　// 045

"正态分布"是正态的吗？　// 046

游戏何须努力　// 051

负面行为特征的正面版本　// 054

别人的鞋子：换位思考的问题　// 056

第4章　为什么要做决定？　// 063

决策系统　// 065

无限回归　// 069

让做出的决定正确　// 072

没有错误的决定　// 075

当决定很重要时　// 078

概率的不可靠　// 081

人为什么会后悔？　// 085

没有正确的决定　// 086

猜测、预测、选择和决策　// 088

第5章　提升觉知水平　// 093

没有"试一试"　// 100

理解，而非责备与宽恕　// 102

有意义还是无意义？　// 106

第6章　身心合一　// 109
身心二元论　// 110
更完整的身心合一　// 112
测试身心合一　// 114
意念比实际更强大　// 118
具身认知　// 124
觉知与感官　// 126
想象中的进食　// 128
想象练习　// 131
有趣的可能性　// 132

第7章　安慰剂和异常值　// 135
安慰剂的力量　// 137
医学的真相　// 141
你相信谁？　// 144
自发缓解之谜　// 145
融入觉知　// 150

第8章　关注变化：当症状改变而心态不变时　// 159
注意可变性、不确定性和觉知　// 161
当症状变化时　// 170
治疗是一个机会问题　// 175

第 9 章　觉知传染　// 181
　　捕捉觉知　// 184
　　对觉知的敏感性　// 185
　　觉知传染与健康　// 191
　　利用不确定性的力量　// 193
　　空气中的东西　// 199

第 10 章　为什么不？　// 203
　　健康新方法　// 211
　　有觉知的医学　// 213
　　心理健康　// 215
　　有觉知的医院　// 216
　　实现新的个人控制　// 218

第 11 章　觉知乌托邦　// 223

致谢　// 229

注释　// 231

前言

我的母亲在她56岁那年被诊断出乳腺癌。癌细胞已经侵占了她的身体,医生警告说,等待她的治疗将是复杂而残酷的。一开始,疾病的预后就不容乐观。从最初在腋下发现肿块到癌细胞扩散到胰腺,她与癌症的抗争过程非常艰难,看到这些的我也很难受。

医生说,她最多只能活几个月了,这就是她生命的结局。尽管如此,我还是固执地试图让她打起精神,假装噩梦会过去。我的一位同事曾经说过,我有"乐观主义强迫症",当然,这也许只是对我在否认事实的一种礼貌的说法(但我真的是这么认为的,这一点稍后再谈)。

然后,最神奇的事情发生了:我母亲的癌症消失了。

起初,我们都很高兴。但我很快意识到治疗已经对她造成了伤害,因为医生认为她不可能痊愈,所以并不关心她患癌后的生活。

住院期间她没有锻炼四肢，因此回到家后她仍然虚弱得无法行走，只能坐在轮椅上，这让她觉得自己更不健康了。

人们对待她的态度也令我印象深刻。在我看来，母亲的康复证明了她的坚强，然而其他人却被她持续的虚弱所影响。在他们眼里，她还在生病，还在苟延残喘。他们认为癌症会复发，过不了多久我的母亲就会回到医院。他们是对的，她的癌症不到9个月就复发了，她再次陷入昏迷，去世时只有57岁。

多年来，癌症治疗确实发生了变化。现在，人们更多地认为癌症是一种慢性疾病，而不是50年前那种可怕的、难以启齿的疾病。现在，许多肿瘤病房甚至配备了营养师和社工，以满足患者的情绪需求。但是，许多事情仍然没有改变：癌症仍然被视为一种严重的疾病，人的心理并不像医疗干预措施那样重要。然而，诊断虽然有用，却只能将注意力引向生活的一小部分。环境影响着我们的身体反应，但往往会被医学界和我们自己忽视。

我可以看到这对我母亲的精神状态产生了多么大的影响。我看到医学世界夺走了她的控制感，让她感到恶心和虚弱；我看到即使她的肿瘤已经消失，大家还是认为她病着；我看到了诊断结果如何成为一个标签，决定了医生、护士和医院外的人对待她的方式。我的母亲不再是我认识的那个活泼美丽的女人了。现在，她是一个无助的癌症患者，焦急地等待着医学界下一步的治疗方案。

母亲罹患癌症的经历让我相信，我们目前对待健康的方式实际上可能会让我们病得更重。对她患病根源的思考成为我科学研究的一个转折点，并深刻地影响了我之后几十年关于"觉知"①的研究。从20世纪70年代我开始工作时，"觉知"这个词就已经变得无处不在[1]——打开报纸、杂志，甚至听访谈时，人们很难不使用"正念"这个词。这种用法大多将"正念"描述为一种纯粹的心理状态，通常与冥想练习有关。但是，正如我和我的学生们所展示的那样，觉知是一个简单的过程，即主动注意事物的变化，无须冥想。当我们保持觉知时，我们会注意到以前没有注意到的事情，会发现我们并不了解自以为了解的事情。一切都会以一种新的方式变得有趣，并具有潜在的实用性。

但重要的是，我使用的"觉知"一词也指身体的一种状态。事实上，我认为我们的心理可能是决定我们健康的最重要因素。我所说的身心和谐并不仅仅是为了获得健康。我认为心理和身体是一个系统，人的每一个变化本质上都同时是心理层面（如认知变化）和身体层面（如激素、神经、行为）的变化。当我们敞开心扉，接受这种身心合一的理念时，许多控制健康的新可能性就会变成现实。我们完全可以利用觉知的力量，达到身心合一。

我在哈佛大学的实验室主要研究身心合一对我们健康的影响。这不是一个分析化学物质之类的实验室，而只是一个房间（现在经

---

① mindfulness，多数情境下被翻译为"正念""专念"，本书依作者原意译为"觉知"。

常是网络上的会议室），我的学生、博士后和其他感兴趣的教师在这里聚会，探索不同寻常的想法。40多年前，我和实验室的成员在我的逆时针研究中首次测试了身心合一的想法[2]。在那次实验中，一些老人像年轻时的自己一样生活了一周。我们把他们安置在一个经过改造的疗养院里，让他们感觉时间倒流回了20年前。从茶几上的杂志到唱片机旁的唱片，从厨房橱柜里的碗碟到老式盒式电视机上的节目（录像带），所有的一切都让人感觉这是一个更早的时代，屋子里的人都更年轻。我们还要求他们表现得像年轻时的自己，也就是说，即使是最年长的人和行动不便的人，也必须自己提着行李走上台阶，进入自己的房间，也许这意味着他们一次只能拿一件衬衫而不是一整件行李。这种"时光机器"式的生活——把自己想象成年轻时的自己——产生了惊人的效果。这些人的身体发生了变化。他们的视力、听力、体力甚至外貌都得到了改善。

这些发现与当时流行的身心二元论观点和人们认为的更正确的观点大相径庭，因此有些人不相信这些发现也就不足为奇了。然而，这个实验以及实验结果如此简洁地证明了身心合一观点的正确性，这让我非常振奋，因而从那时起我就一直在探索这个概念。我大胆地测试了与之相关的各种看似极端的假设，从我们的心理如何让我们感冒，到它们如何控制我们的胰岛素水平和睡眠时间，再到它们如何为许多慢性疾病提供心理治疗方法。

我所有工作的目标始终是找出心理对我们的健康有多么重要，

并将身体的控制权交还给我们自己。我致力于证明，心理是身体健康的主要决定因素，通过简单的干预来改变我们的思维方式，可以极大地改善我们的健康状况。其中最重要的也许是我在注意症状可变性方面的研究，我已经证明多发性硬化、帕金森病和慢性疼痛等慢性疾病可以通过心理干预得到改善。

在下文中，我会对这种想法进行解读。但是，要改变我们的思想进而改变我们的身体，首先需要澄清一些误解。为此，第1~5章将讨论我认为有关规则、风险、预测、决策和社会比较的基础性问题。如果我们能接受一种对这些概念的新看法，我们就能变得更有思想、更自信、更有力量。我的工作表明，当我们的思维发生这些转变时，我们与他人和自己的关系就会改善，我们的压力也会减轻，这一切都有助于改善我们的健康。

第6章、第7章和第8章探讨了我们的健康和幸福的多种可能性——我们以前对这些可能性视而不见。这些章节以我本人和其他人的身心研究为基础，为我们描绘了一条通往不同生活方式的道路——拥有可觉知的身体，恢复我们因旧有思维方式而失去的健康。

我在"可觉知的身体"方面的工作出现了一些意想不到的转折，有时甚至是离奇的转折。我没有忽视它们，而是努力去理解它们，这促使我开始探索觉知的传染等问题。正如我们将在第9章中看到的，我对这一主题的早期研究表明，只要与有觉知的人在一起,我们自己的觉知能力就会增强,这对酗酒者甚至是那些有觉知的人都有影响。我还相信,未来有可能创造一个觉知乌托邦,想象未来有助于我们以不同的方式思考当下。

在本书中,我希望让你明白,我们的每一个想法都可能影响我们的健康。事实上,让我们每个人更健康可能就在一念之间。

第1章
谁在制定规则？

"规则是愚者的教科书、智者的指引。年轻人知道规则，但老人知道例外。"

——老奥利弗·温德尔·霍姆斯

规则固然重要，但在我看来，它们应该指导而不是约束我们的行为。有几个原因可以解释为什么我们需要更仔细地研究"规则"的制定和遵守，然后才能更充分地理解无觉知地遵守规则对我们的健康造成的问题。

举个简单、低风险的例子。我已经画了几十年的画，虽然从未受过正规训练。当我开始画画时，我根本不知道规则是什么，我甚至不知道画画需要规则。如果我知道的话，我想我就会采取不同的绘画技巧。当我走进一家艺术用品商店，看到标签上标明使用哪种画笔可以达到哪种效果时，我觉得很好笑：好像只有一种正确的方法和一种错误的方法，而没有其他方法可以达到这种效果——

样。我有时会剪掉画笔的毛，以获得新奇的效果。我想，正是这种独创性——创造与众不同的艺术作品的愿望——让我的画作变得有趣，至少对我来说是这样。如果我墨守成规，可能就不会有这种新奇感。

同样的态度也决定了我的艺术风格。我最初的画作中有一幅画的是一个男孩在远处的山顶上拿着杂货，前景是一位坐在长椅上的妇女。画完后，我拿给几个朋友看。一个人评论我的"错误"，说远处的男孩太大了，透视完全错了。我尽心尽力地试图"修正"，把男孩缩小，让他看起来更逼真。但后来我意识到，正是因为有了这个瑕疵，这幅画才值得一看。

生活就像艺术：虽然我们倾向于赞扬遵守规则者，但我认为打破常规往往是必要的。我们常常无意识地遵守规则：我们买"正确"的画笔，穿"正确"的衣服，问"适当"的问题。然而，当我们用心去对待规则时，就会发现它们往往是武断的，没有任何意义。你不需要使用那支画笔，也不需要遵守透视规则。这是你的画，这是你的生活。

你可能会说，画笔可以这样，但健康就不行了。的确，在我们的健康问题上，有些人不愿意质疑医生或研究人员制定的规则——我们有什么资格质疑他们的权威呢？但是，重要的是要记住，许多健康规则是在某些医学进步之前为与我们截然不同的人制定的，并没有考虑我们彼此间有多么大的差异以及我们自身的不断变化。例如，多年前药物主要在年轻男性身上进行测试。这种测试可以获得有关药物对年轻男性影响的良好数据，但对老年女性来说却往往存在问题，因为她们的生理结构不同：药物在成熟女性体内的停留时间更长。现在，开处方的医生在确定剂量时会适当考虑年龄、体重和性别的差异。

在大多数医院，探视者应该在晚上7点离开医院。这条规定是根据什么数据制定的？我告诉我母亲的护士，只要我母亲希望我留下来，我就会留下来。对我来说，她比他们的规定更重要。他们有三个选择：改变规则，或者当我在那里时视而不见，或者处理每次要求我离开时造成的骚乱。他们选择了视而不见。当他们制定"7点规则"时，也许他们认为这对病人最好、对员工最好。但现在有大量的研究证据表明，社会支持对人们的健康非常重要，因此也许这一规定需要被质疑。

那么，为什么我们要遵守规则，即使这些规则是武断的、阻碍我们前进的？其中一个原因是，我们的很多行为都是由我们强加给自己的标签决定的。在一项很有说服力的研究中，社会心理学家罗塞尔·法齐奥（Russell Fazio）和他的同事向人们提出了一些问题，让他们思考自己是内向的（例如，"你什么时候在社交聚会上感到压力？"）还是外向的（例如，"在你参加的哪个聚会上你玩得最开心？"）[1]。随后，他们接受了一个被称为"内向/外向性格量表"的简短测试。那些被问到外向性格诱导问题的人认为自己更外向了，而那些被问到内向性格诱导问题的人则认为自己更内向。其他研究表明，向老年人灌输有关衰老的负面刻板印象会导致他们在记忆测试中表现更差[2]。巧妙地提醒女性自己的性别，会让她们对其他女性的数学能力产生更多的刻板印象[3]。

好消息是，事实并非如此。请看我和我过去的一位研究生克里斯泰勒·恩格努门（Christelle Ngnoumen）一起进行的研究。我们对"觉知"——本质上是"注意"的过程——是否能减少规则和标签的限制作用很感兴趣[4]。为此，我们使用了内隐联想测验（IAT），该测验基于我的同事安东尼·格林沃尔德（Anthony Greenwald）和马扎林·贝纳基（Mahzarin Banaji）的研究成果。内隐联想测验评估人们是否会在概念之间产生潜意识联想[5]。在测试中，人们被要求对图像和概念进行分类，并测量他们完成分类所需的时间。他们的研究表明，举例来说，如果某人将"白色"与"好"联系在一起，将"黑色"与"坏"联系在一起，那么当他被要求对暗示相反的图像（即"白色"是坏的，"黑色"是好的）进行排序时，他的反应速度就会变慢。这些不同的反应时间揭示了隐性偏见。

在我们的研究中，我们要求参与者将照片分类堆放，并指导他们自己为这些堆放的照片选择类别。但是，在进行内隐联想测验之前，我们给了一些参与者一个机会，让他们有意识地接触"外群体"成员（例如，与他们没有明显共同特征的人）的照片。如果有人漫不经心地整理图片，他们很可能会默认种族、性别和民族这些明显的类别，因为这些是最容易贴上的标签。非裔美国人在这一堆，白人在那一堆；男人在这一堆，女人在另一堆。然而，在"注意力高度集中"的条件下，我们要求人们按照新的心理类别进行分类，比如每个人看起来的社交能力如何，或者他或她是否在微笑。我们还要求这些参与者自己形成两个新的类别。

这种简短的干预产生了很大的效果。当人们有觉知地使用标签时——当他们打破通常的分类规则时——他们在内隐联想测验中的内隐种族偏见减少了一半。在另一项实验中，白人参与者在受到事先的提醒后，表现出了更多的同理心；在干预之后，他们花了更多的时间去倾听那些和他们不一样的人的故事。

这种觉知干预之所以有效，是因为它迫使我们注意到我们之间令人惊讶的差异，这些差异打破了通常的刻板印象。因此，我们开始把人看成独立的个体，而不是容易归类的群体成员。我们会忽略自己贴上的标签，以及标签所暗示的限制。我们不仅可以通过增加对群体外成员的注意来减少偏见，而且我相信我们还可以通过增加对群体内成员的歧视来减少对群体外成员的偏见。换句话说，通过让人们注意到同类之间的差异，他们就会发现我们之间的差异有多大，而群体外的差异看起来也就没有那么大了。正如注意到看似不同的事物之间的相似之处一样，注意到被认为相似的事物之间的不同之处是觉知的精髓所在。

规则的社会建构

规则不是一成不变的。事实上，法律虽然更加坚定，但也是可变的，需要质疑而不是盲从。合法不等于符合道德。在过去的法律中，妇女是财产，同性恋和异族通婚是非法的，禁酒令期间摄入酒精也是非法的。1830年，一名男子因为留胡子而被殴打，随后因自卫而入狱。45年后，当他去世时，胡须已成为一种时尚。

时至今日，美国一些地方的法律仍然奇葩百出，让人不禁感叹盲目守法的荒谬。例如，在亚利桑那州，驴睡在浴缸里是违法的；在科罗拉多州，在门廊摆放沙发是违法的；在马里兰州，在公园里穿无袖衬衫是违法的。我最喜欢这一条：在马萨诸塞州，无证算命是违法的。

与规则建立一种关系的最佳方法之一就是记住规则——无论是成文的还是文化理解上的——都是由和我们一样的人制定的。当现任沃顿商学院教授亚当·格兰特（Adam Grant）还是我在哈佛大学的学生时，我们就开始研究规则的社会建构，并试图更好地理解为什么这种社会性常常被忽视[6]。我们设计了一些实验，让参与者更加意识到规则是由人创造的。我们预测，如果我们这样做了，他们就会更有可能按照自己的最佳利益行事，即使这意味着无视规则。

在我们的一项研究中，亚当和我让人们把自己想象成一个病人,我们给他们提供不同详细程度的情景。我们对一组人说:"想象你是医院里的一名病人。你正躺在便盆上。你的病房外有一位忙碌的护士。你需要多长时间来寻求帮助?"第二个情景是这样的:"想象你是医院里的一名病人。你正躺在便盆上。你的病房外有一位忙碌的护士,她的名字叫贝蒂·约翰逊。你需要多长时间来寻求帮助?"

这两种情景的唯一区别是,第二种情景点出了护士的名字。我们发现点出护士的名字会让人们更快地寻求帮助。我们使用了许多不同的情景,在每种情况下,当我们明确人们的角色时,人们更有可能采取行动来获得他们需要的东西。当人们遇到困难时,如果他们意识到规则是由人们创造的,而不是从天而降的,他们就会更愿意尝试改变现状,使之对他们更有利。他们会把无用的规则、礼仪或规则抛在一边。在护士的案例中,当参与者意识到这只是一个人向另一个人寻求帮助时,"不要打扰医护人员"就不再被遵守了。亚当是与我合作开展这些研究的最佳人选,因为他也会开辟自己的道路,而不是无意识地遵循规则和惯例。例如,在哈佛大学的入学面试中,他表演了魔术,而不是仅仅讨论他的成就。

在任何情况下,无意识地遵守规则都会对我们的健康造成极大的损害。想想癌症,活检结果被送往实验室,但癌细胞不会为自己贴上标签,写着"我是癌细胞"。必须有人检查玻片上的细胞,并判断它们是不是癌细胞。有些细胞的病理特征非常明显。

然而，在模棱两可的情况下，一位细胞学专家可能会认为某个细胞是癌细胞，而另一位细胞学专家可能会有不同的看法。医务人员和患者都需要清楚地了解这种模糊性，但事实上几乎从未有人告知患者这种模糊性，因此患者可能会认为自己的诊断结果是显而易见的，而事实上这在很大程度上取决于人的判断。实际上，这意味着有人可能被告知患有癌症，而病理特征几乎完全相同的另一个人可能被告知没有癌症。癌症诊断会引发一连串的反应，其中一些可能会产生非常负面的影响。虽然我们无法确定，但我经常质疑有多少癌症患者的死亡是因为他们过早地认识到"癌症是一个杀手"而放弃治疗，而不是疾病的必然结果。无论如何，我们确实知道，不同医院、不同州和不同国家的诊断结果各不相同。在某些情况下，一个人可能比其他同情况的人被列入更严重的类别中。

边界效应的隐性成本

如果你在纽约中央车站地下一层的美食广场等车，你会发现一个奇特而又一致的现象。由于客流量巨大，许多餐厅都会预先做好几道菜，比如沙拉。如果你碰巧点了一道预先做好的菜，你就会立刻得到它。但如果你仔细观察，就会发现每份沙拉上都有过期时间，比如30分钟。过期前一分钟，这就是全价的即食美味；再过一分钟，它就会被扔进垃圾桶。他们甚至不允许免费赠送，哪怕是给签了无数免责声明的流浪汉。从营养丰富到明显致命，就在时钟秒针转动的一瞬间。

运动员的成绩只差几毫秒就能获得奖牌，一个病人勉强低于诊断为健康的临界值，一个法律专业的学生在律师资格考试中只差一道题就不及格了。这些人真的与奖牌获得者、刚刚高于临界值的健康者或勉强通过律师资格考试的律师有本质区别吗？

世界上的万事万物都存在于一个连续体中，无论是速度、大小、毒性，还是你能想到的任何其他可能的描述。尽管如此，我们还是创造并无意识地采用了鲜明的区别，而这些区别对生活的改变远比微不足道的差异要大得多。事实上，所有的差异都是任意的，但在类别之间画出硬性的界线却掩盖了这种任意性，并可能造成严重的损害。我把这种损害称为"边界效应"。这样的例子不胜枚举：有的人智商是69，有的人智商是70，但只有70分的人才被视为在正常范围内。我们不需要成为统计学家也知道，69分和70分之间并没有什么有意义的差别。然而，一旦分数较低的人被贴上"认知障碍"的标签，他或她的生活将与拥有一分优势的人截然不同。

当然，边界效应对实际边界也有影响：第二次世界大战前，日后的朝鲜与韩国的边界线两侧，或者民主德国与联邦德国的边界两侧的差异微乎其微。后来，人们划定了坚硬而不可逾越的边界，而今天，文化差异已非常明显，即使对德国来说真正的边界早在30年前就已不存在了。

边界效应影响着我们生活的方方面面。但对我们来说，最重要的是它对我们健康的影响。

我的研究生彼得·昂格尔（Peter Aungle）和博士后卡琳·贡内特-肖瓦尔（Karyn Gunnet-Shoval），和我一起测试了边界效应在糖尿病诊断中的效果。在糖尿病研究中，我们比较了血糖水平略低于或略高于糖尿病前期临界值的患者（即"高于正常值患者"与"低于糖尿病前期水平患者"）[7]。我们最初的假设是，尽管考虑到测试带来的自然差异，那些被归类为病情较重的人最终仍会变得病情较重，而这些医疗评分中一分的差异在统计学上毫无意义。

当我们与不同的内分泌专家交谈时，他们都认为，在测量血糖水平的糖化血红蛋白（A1C）测试中，测量值为5.6%或5.7%的人之间没有任何相关性上的区别。然而，如果必须在某个地方画出一条界线，标准的医学规定是将糖化血红蛋白水平低于5.7%的人视为"正常"——他们没有患糖尿病的直接风险。但是，糖化血红蛋白值在5.7%或以上的人有风险，他们被归类为"糖尿病前期"（6.4%或以上的人被视为"糖尿病患者"）。

这些标签的问题在于，它们听起来像是明确的诊断，掩盖了其不确定性，隐藏了人为因素。因此，人们会无意识地接受它们。这绝不是好事。

例如，当我们将糖化血红蛋白测试结果为 5.6% 的患者与糖化血红蛋白测试结果为 5.7% 的患者进行比较时——内分泌专家同样认为这种差异在医学上并不重要——我们发现他们随后的医疗轨迹存在很大差异。你可能会认为，如果被告知自己即将罹患糖尿病或已经处于糖尿病的临床范围内，人们就会立即行动起来，扭转自己的医疗命运。但图 1-1 和图 1-2 讲述了另一个悲惨的故事，那些被贴上糖尿病前期标签的人，随着时间的推移，其糖化血红蛋白检测结果实际上不断飙升。

至少在糖尿病方面，医学恐吓会改善人们的行为似乎是一个神话。事实证明，给人们贴上一个"危险"的标签，会让他们更容易患上糖尿病。也许他们已经接受了患上糖尿病的事实，甚至在最初尝试改变饮食习惯后，也会变得不那么注意饮食；也许他们开始减少运动，因为他们认为自己已经得了这种病；又或者，身体跟着心理走，认为自己已经患上了早期糖尿病。

当然，有些人可能会反对这一结论。他们可能会说，糖化血红蛋白检测结果每增加一次，患糖尿病的可能性就会以线性方式增加一次，不管增加的幅度有多小。这个观点很有道理。为了确定情况是否如此，我们还对测量结果为 5.5% 的人与测量结果为 5.6% 的人进行了对比。如果不是标签导致了不同的结果，那么我们预计 5.5% 和 5.6% 之间的结果也会有显著差异。

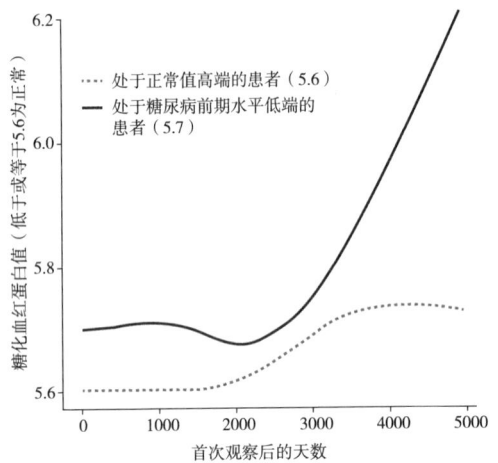

图1-1 "正常"标签与"危险"标签

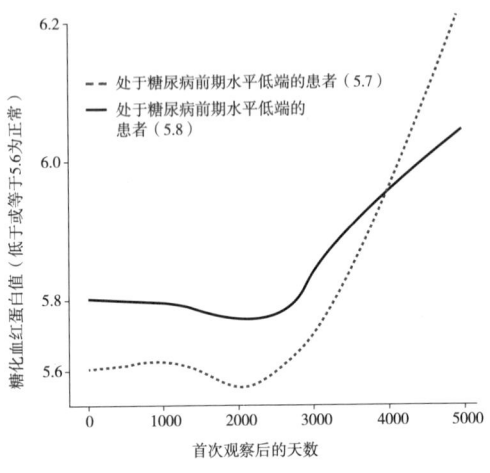

图1-2 全部为"危险"标签

但我们发现并非如此。相反，那些处于正常值高端的人往往会保持正常——健康的标签就贴在他们身上。随着时间的推移，他们患糖尿病的概率也大大降低。

不幸的是，处于糖尿病前期低端的人群（测量值为5.7%或5.8%）也是如此。对这些患者来说，糖化血红蛋白检测的确切数值并不重要。重要的是这个可怕的标签，它不可避免地会导致可怕的长期结果。

被贴上"糖尿病前期"或"糖尿病"标签与勉强没被贴上"糖尿病"标签之间的差别，甚至延伸到能否购入保险和保险费用中。这种边界效应使一个人的糖尿病成为"既存病症"，而另一个几乎相同的人则没有任何问题。

这里有一个更大的教训，即无意识地消费健康信息和让数据噪声决定我们命运的危险。疾病的语言大多植根于身体的生物医学模式（因此忽略了心智的力量），造成了一种症状稳定且无法控制的错觉。因此，人们很快就会采取刻板的反应和行为，这些反应和行为与他们自以为了解的情况一致，而不会质疑自己的诊断结果并采取不同的行动。正是以这种方式，与慢性疾病相对应的标签剥夺了人们的个人控制权，阻碍了实现最佳健康和幸福的可能性。

预先形成的标签也会鼓励我们忽视自己的特殊经历，而这些经历在大多数情况下都不像标签所暗示的那样固定或绝对（糖尿病前期患者应该意识到,他们只要稍微改变生活方式,就不会不可避免地患上糖尿病)。相反,许多疾病诊断的结果可能成为自我实现的预言——诊断造成了疾病。

这并不意味着我们永远都不应该根据检测结果对人们进行医学诊断。贴标签是不可避免的,但是,只要有可能,我们就应该确保我们的标签包含人性化元素,让患者明白结果是暂时的、不确定的。

假如我们接受了视力测试或听力测试,测试结果却刚好低于边界线,于是尽管我们的视力和听力与那些测试结果刚好在边界线以上的人几乎一样,但他们还是给我们配了眼镜或助听器。就这样,我们戴上了矫正设备,另一些人却没有。我想知道,如果我们被告知这些结果是概率性的,而不是让我们相信它们是绝对的,那会发生什么呢?

此外,正如我们将在第 5 章中看到的,我们可能会在某次测试中以某种方式表现,但最终被归入需要永久帮助的类别,其中有很多暂时性的原因。甚至,如果我们第二天再参加一次测试,我们的分数可能会显示出截然不同的结果。

当我们认识到规则、标签和分界点都是由人制定的时候,我们就会有很多空间去质疑其他情况。我们会获得一种新发现的自由感,扩大了自己的可能性。我们的行为如此,我们的健康也是如此。关键是要质疑那些我们不假思索就接受的东西,有觉知地质疑所有可能阻碍我们的描述和诊断。当我们这样做时，我们就能变得更好，可以学会治愈自己。

正如我在前言中提到的，我母亲患乳腺癌的经历启发了我后来的大部分研究。从她被告知患上乳腺癌，到她的病情自发缓解，再到最终去世，她从未质疑过别人给她的规则。我真希望我能给她这样的建议。

第 2 章
风险、预测和控制幻觉

"人生要么是一场大胆的冒险,要么什么都不是。"

——海伦·凯勒,《敞开的门》

"我要去寻找一个伟大的也许。"

——拉伯雷

我经常被形容为冒险家。这通常是一种赞美,但对我来说,这从来都不是我应得的。我很少对自己说:"这可能代价高昂,但管他呢,我还是要做。"相反,我每一次都在寻求认可和肯定。

当我还是哈佛大学的一名初级教员时,有人邀请我参加一个电台节目的试镜。该电台在加利福尼亚有一位很受欢迎的女心理学家主持人,想在东海岸也找一位。他们打电话给我的系主任戴夫·格林(Dave Green),请他推荐,而他推荐了我。

我的试镜包括模拟来电。第一个来电者问了我一个关于罗尔夫按摩治疗法(Rolfing)的问题,这是一种替代医学,涉及将人体能量场与地球引力场相协调。我对这个问题的了解只有一点点，但我说得非常自信。令我沮丧的是，来电者又问了我第二个关于罗尔夫按摩治疗法的问题，而我又一次装得很像。

一周后，我得到了这份工作，但经过短暂考虑后我决定拒绝。我那时还没有终身教职，非常想成为"兰格教授"，我担心电台工作会分散我的精力，害怕在我想让别人觉得我聪明的时候，别人会觉得我滑稽。我后来获得了终身教职，并继续享受教学工作，所以我从未后悔对自己的威望所冒风险的评估。但也许更重要的是，专业人士对成为电台节目主持人所持有的偏见性预测。不过，我偶尔也会想，如果我能更清楚地认识到什么是真正的风险，我可能会接受这份工作，也会很快成为一名教授。事实上，一些人对我的典型看法（一个大胆、敢于冒险的科学家）与我对自己的看法（一个有点厌恶风险的人）之间明显存在矛盾，让我开始质疑一些关于风险的基本假设。

请看一个也许能解开这个悖论的例子。当我在赛马场时（很少），我通常会赌最喜欢的马得第三名——这不是很冒险。然而，有一次我把自己的一些机密财务信息告诉了一个我自以为很熟悉的人，结果被骗了一大笔钱。这是怎么回事呢？在赛马场上，我几乎不愿冒任何风险，但对于我的个人信息，我可以说是孤注一掷。虽然我喜欢马，但我对赛马一无所知，因此我比较保守；另一方面，我对人的了解却相当多，因此我冒了很大的风险，相信了一个最终被证实是不可信的人。

这不仅仅是因为我们在某些方面比其他方面更精通。有时，我们似乎在冒险，但其实是我们甚至没有意识到我们可以选择如何应对。我记得在我 11 岁左右看牙医时，听到牙医告诉我妈妈我有多勇敢，我立刻就想知道其他孩子是怎么做的。我不认为自己去看牙医是在冒险，我并不比他们勇敢，我只是不知道自己还有选择。

冒险的神话

关于冒险的文献浩如烟海。人们普遍认为，有些事情我们不应该去做，因为这些事情本身风险太大，或者不值得我们去冒险。这种信念根深蒂固，以至于我们很少去质疑它。

但我认为，"冒险"的概念被误解了。我们的行为方式对我们来说是有意义的，否则我们就会采取不同的行为。当我对成功的期望超过你的期望时，你会认为我是一个冒险者。然而，如果你相信我的行为会成功，那么你的行为可能就会和我的一样。换句话说，冒险实际上是一种观察者现象。"冒险者"做的事情对他们来说是有意义的，即使同样的行为在别人看来是无法解释的。我猜那些电台制作人认为我拒绝他们的邀请是疯了，为什么一个初级教员会拒绝成名的机会呢？然而，对我来说，名利并不值得我冒着潜在的学术生涯风险去争取。

这里还有一个例子，说明风险是完全主观的：我秘密结婚。现在回想起来，其他人会认为我出于种种原因冒了很大的风险。但是，冒险意味着意识到自己的选择及其潜在的代价。而我从未考虑过代价，我甚至没有考虑过其他选择。吉恩和我——两个在寺庙舞会上相识的无神论者——想要结婚，于是我们结婚了。

这听起来可能有些悲观，但婚姻总是包含着一定程度的非理性乐观。毕竟，如果我们理性地考虑统计数据——美国有一半的婚姻以离婚告终——我们可能会避免做出具有法律约束力的承诺。但当我们坠入爱河时，我们不会考虑这些数据。我们完全相信我们的关系是与众不同的，我们没有离婚的风险，因为我们的爱将会天长地久。

结婚最初是吉恩的主意。他有个朋友的女朋友怀孕了，他们在华盛顿特区找到了一个愿意为他们证婚的人。我们想，如果能让同一个人为我们证婚，一定会非常浪漫。在我们决定行动的那天，我凌晨三点起床给我父母留了张纸条："刚走，回头见。"我们从扬克斯一直开到华盛顿特区，寻找为吉恩的朋友证婚的人。唉，我们没有成功，在没有人怀疑我们的消失之前回到了家。

但我们下定决心要结婚，于是我们在离家较近的地方合法结婚了。我们做了必要的验血。我总是小心翼翼，确保自己穿戴整齐，这样我的父母就不会看到盖在我抽血处的创可贴，因为验过血足以让他们知道我结婚了。

在市政厅，我们被宣布结为夫妻后，我得到了一盒家用产品。

我不忍心拒绝或把它们扔掉，于是给家里打了个电话，告诉母亲我刚收到了一堆洗涤剂样品，这样她以后就不会问我从哪里买的了（我不想冒这个险！）。那天晚些时候，我还随口向妈妈要了邮箱钥匙——我住在家里，所以我需要确保我能在我父母收到寄给莫斯特太太（现在是我的真名）的邮件之前拿到邮件。

吉恩和我确信我们的秘密是安全的。几年后，我们再次公开结婚——我只是配合母亲的派对计划，保持沉默。不过，在第二次婚礼之前，我和吉恩都同意向母亲承认我们已经结过婚了。在分享了我们的秘密后的某个时刻，我显然在两位母亲面前犯了一个露骨的错误——提到了第一次结婚。吉恩的母亲知道我们已经结婚了，我妈妈也知道我们已经结婚了，我知道我妈妈知道，他妈妈也知道对方知道。所以，我们所有人都知道我们所有人知道——但当我提到这件事时，每个人都瞪了我一眼，明确表示我不能冒险让已经知道的人发现。我仍然不知道他们想通过欺瞒来避免什么，我只知道，把我们的结婚选择视为冒险的后果是让我们彼此疏远。

情境与行为

欧内斯特·海明威喜欢讲一个关于西班牙内战中一场混战的故事。指挥官命令林肯军团志愿军隐蔽以躲避敌人的炮火。一位名叫威廉·派克的士兵没有躲避，结果他发现了敌人的准确位置。这对战斗的胜利起到了关键作用，派克也因此获得了一枚勇敢勋章。当被问及为什么没有像其他人一样躲避时，他回答说："我听力不好，所以没有听到命令。"换句话说，他没有（在他知道的情况下）冒险，即使其他人都认定这一点。

我们对影响他人的情境力量视而不见，却过于轻易地将稳定的倾向归因于他人。20世纪70年代以来，社会心理学家一直在研究我们评判自己和他人的不同方式。如果你走近垃圾桶，我可能会认为你很笨拙。既然你知道自己并不总是走近垃圾桶，那么你就会寻求更细微的解释：也许你正陷入沉思，也许是你在用手机发短信。个人会倾向于用讨人喜欢的语言来解释自己的行为。如果我们搞砸了，那不是我们的错，只是当时的具体情况的问题。

不过，我对行为者/观察者差异的更进一步理解是，简单地说，我认为每个人的行为都是有道理的，否则他们就不会这么做。这就意味着，理解他人的关键任务是试图找出他们的观点。这与评判无关，而是彻底的换位思考。

请看我每年在决策课程中使用的这个情景：

想象一下，我们在围场里，20匹马向我们飞奔而来。为了安全起见，你们都跑开了。但我没有动，而是待在原地。

我让学生们解释我的行为，他们通常会认为我一定是得了妄想症。这时，我就会提醒他们还有另一种选择：他们认为马会伤害他们，而我却认为马是来迎接我的，所以我很高兴地待在原地（假设我在马场工作过，知道冲过来的马会避开静止不动的人）。如果我认为自己有危险，我也会跑。问题的关键在于，当人们对某种情况的理解相同时，他们的行为也可能相似。但重要的是要记住，对任何特定情况都有许多不同的理解方式，即使是像20匹马向你冲来这样看似简单的情况。如果我的反应与你的反应不同，我并不是否认你的反应，我只是从不同的角度看问题。有趣的是，如果我设置不同的情境，让我的学生想象他们都留在原地，而我远远地跑离马群，他们反而会认为我是个懦夫。

我读本科时，曾写过程序文本作为行为实验分析课的期末论文。程序文本就是以非常小的步骤提供教学材料，并在过程中设置问题进行自我测试。这是一篇极不寻常的期末论文，我的教授称赞我"无所顾忌"。同样，这也是不应该得到的称赞。我没有告诉自己写这篇文章有风险，我觉得会很有趣，所以就写了。如果我知道这需要无所顾忌，我可能就会像其他人一样写一篇"论文"了。

大约在同一时间，我的统计学教授盖伊·斯诺德格拉斯（Gay Snodgrass）聘请我担任研究助理。当我想出一个她没有想到的点子时，她对我刮目相看，说我"很有创造力"。在此之前，我从未把自己看作有创造力的人。对我来说，那指的是那些会画画或演奏乐器的孩子。

现在，我被允许加入他们的行列。实际上是双重许可——我足够"无所顾忌"，而且显然"很有创造力"。当然，如果第一位教授认为我对他所留作业的反应是"恼人的",或者我在统计学上的"创新"被贴上"牵强附会"的标签,我可能永远也不会享受到这种新的自我意识以及随之而来的自由。因为与众不同而受到批评,会让我更加小心谨慎。

有大量研究表明,我们的社会身份对我们的风险感知起着巨大的作用。在迈克尔·莫里斯(Michael Morris)、埃里卡·卡兰萨(Erica Carranza)和克雷格·福克斯(Craig Fox)的一项研究中[1],科学家们发现,激活人们的政治身份,只需问几个他们投票给谁的问题——共和党人(而非民主党人)更有可能选择标有"保守派"的投资选项,而在这些选项未被标记时则不会这样做。尽管科学家们通常认为我们的风险偏好是稳定的,但这项研究提醒我们,激活我们的"保守"政治身份也会让保守的投资更有吸引力。

标签不仅仅是标签,它们还能改变我们的行为方式。当别人给我们贴标签时,我们有几个选择:我们可以无意识地接受它,无意识地拒绝它,或者认真地思考它。如果你无意识地回应,就不会有任何成长,你只会一如既往地停留在陈旧的分类中。然而,认真评估标签意味着我们不只是考虑标签的真实性,相反,我们考虑的是标签的效用,以及它能让我们了解自己。当盖伊·斯诺德格拉斯称我为"很有创造力"的人时,我本可以轻易地拒绝这个标签,因为它不符合我的自我认知,但我决定探索这个标签,培养自己的创造力。这已经成为我职业生涯的一个决定性特征。

风险与预测

所有这些都说明了我的观点,即几乎不可能将人们归类为追求风险或厌恶风险的人。人们总是把这些词挂在嘴边,但当你停下来,用心思考他们的行为时,你就无法真正贴上这些分类标签。同样,在你看来是在冒险的人——比如骑自行车时不戴头盔——只是在以一种至少在他看来是合理的方式行事。如果你不戴头盔,并不是因为你想受伤,你只是喜欢风吹头发的感觉,更重要的是,你默认自己不会发生事故(或不会在有头盔法的州被捕)。

但是,"承担风险"的概念在另一个方面被误解了:在采取行动之前,人们很少能对风险进行评估。这并不是说有些事情可以预测、有些事情不可预测,而是说几乎所有事情都是不可预测的,包括我们对事件的反应。举一个特别简单的例子:多年前,我在波士顿参加一个活动,我看到一个男人对一个年轻女孩动手动脚,相当强硬地抓住她的胳膊,把她拉向一辆汽车。当时我只是推测那个男人是女孩的父亲。但现在,鉴于我们对性侵犯已经如此敏感,我不知道他是否可能是一个加害者,而她可能已经陷入困境。到底是哪个?我不知道。从这个意义上说,预测、猜测或预感没有什么不同,正如我们将会看到的,决定也只是一种预测或猜测。我不知道当时到底发生了什么,但我以为一切都很好。但如果是现在的我,我可能会有不同的表现,至少会考虑干预他的行为。

也许我们认为自己能够预测,是因为我们忽略了自己每天都会做出的许多错误预测。我们遭遇的每一次尴尬,都是我们错误预测的一个实例。有多少次,我们在本该拉开商店大门时却推了推,本该伸手到餐具抽屉里拿刀子却掏出了叉子,本该在烘干机里找袜子却半天也没找到。在上述每一种情况下,我们都预测自己的行动会成功,但结果事与愿违。有多少人预测自己永远不会失去力量或记忆力?有多少人预言自己睡得很少也没问题?我们几乎总是错误地预测这些事情。那么,我们能否预测他人的行为呢?我们有多少次在等待一个电话,但电话一直没有打来,或者比预想的晚了一天才打来?

更重要的也许是医疗专业人员的预测。我母亲的医疗团队预测她很快就会去世,因为她的癌症已经转移到了胰腺。由于他们的预测,他们没有锻炼她的四肢,结果她坐着轮椅离开了医院,如我在前言中所述,这对她来说意味着身体虚弱,因此可能导致她最终死亡。癌症消失后,她也是可能感到欣喜和坚强而活下去的——无论我们是否受过医学训练,我们都无法预测到底会是哪种可能。如果医学界接受这一点,那么无论我们的病情如何、年龄多大,我们都会得到治疗,并期望我们能够痊愈。

另一个我们往往对可预测性的幻觉视而不见的原因是我们缺少觉知,这一点比较复杂。例如,想象一下有人向你走来并和你调情,你可能预感到你即将被邀请出去约会。现在,如果你不认为对方是在调情,而是认为对方实际上是在嘲笑你呢?如果问你是否认为对方会打电话约你,你肯定会预测"不会"。想象一下,如果一开始你并不确定对方是在调情还是在嘲笑你,在这种情况下你根本不可能做出预测。

每种情况和每种行为都可以有多种理解。我们越了解这种不确定性,就越不会轻易做出预测。因此,我们越是注意到存在多种可能性,就越能接受可预测性的幻觉。反之,当我们以一种单一的方式看待事物时,就很容易忽略我们的错误预测。于是,可预测性的幻觉继续存在。我们可能会对自己说,那个调情的人本来是想打电话的,但被其他事情分散了注意力。换句话说,电话还没响,但这并不意味着最终不会响。因此,我们假定的预测能力依然完好无损。

尽管大多数人不会轻易承认可预测性是虚幻的,文化中却有许多这方面的暗示。比如人们常说的一句警告:"小心你所希望的。"如果愿望实现了,也可能会带来完全意想不到的坏处。同样,我们也会说"意想不到的后果"。

有些人可能会说,预测是有价值的,因为至少有时我们的预测会成真。问题在于,我们无法事先知道哪些预测是有价值的,正如社会心理学家丹尼尔·吉尔伯特(Daniel Gilbert)在许多研究中发现的那样[2],即使那些"有价值"的预测的发生率与我们的预期相同,我们也不知道结果究竟是好是坏。

我在上初中时,如果一觉醒来发现是雨天,我就不想去上学,因为一下雨，我的头发就会又卷又乱。如果你当时告诉我，长大后我会因为同样的原因爱上雨天，我一定不会相信。现在流行卷发，那就请下大雨吧。预测错误当然不只是孩子的专利。

人生充满预测之外的东西。一个让我意想不到的惊喜是有可能会拍摄一部关于我的电影。几年前，电影制片人格兰特·沙尔博（Grant Scharbo）与我联系，希望拍摄一部关于我的"逆时针"研究的电影，在这项研究中，我们"让时光倒流"，见证了许多参与者看起来和感觉上都更年轻了的过程。格兰特的妻子吉娜·马修斯（Gina Mathews）将与格兰特一起制作我们的电影，因为她曾经是海伦·亨特（Helen Hunt）主演的《偷听女人心》的制片人之一，我们都认为海伦是扮演我的不二人选。

几周后，我在纽约的肉类加工区（实为一个商业街区）购物。谁知海伦·亨特走了进来。我们都不住在纽约，但我们都出现在这里。我们在试衣间里不期而遇，我羞涩地自我介绍，并向她介绍了这部电影，她比我在银幕上看到的更加迷人和美丽。

海伦·亨特最终没能扮演我。几年过去了，格兰特和吉娜推荐了很多优秀的女演员来扮演我，但出于种种原因，她们都没有拍成。后来他们找到了詹妮弗·安妮斯顿（Jennifer Aniston），事情看起来又有了希望。他们安排我与詹妮弗和她的商业伙伴克里斯汀·哈恩（Kristin Hahn）在詹妮弗位于马里布的家中共进午餐。

当我第一次走进去时，大家都很紧张。毕竟我是教授，而她是明星。詹妮弗让我大吃一惊，她简直容光焕发。当我们聊到狗的话题时，她发现一本杂志上有她和她的狗的合影，在照片里她摆出了一个挑衅的姿势，这让她感到十分尴尬。她的尴尬给了我安慰，这让她显得非常真实，我喜欢这样的她。如果事先问我，我肯定不会想到真实是女演员的特征。对我来说，真实是我最珍贵的一面，而她也同样真实，又或者说她是一位出色的演员，以至我无法分辨她是在表演还是这就是真实的她，不过这并不重要。他们都坐在我周围的地板上，而我则滔滔不绝，这和我最好的研讨会一样好。

我们共进了一顿丰盛的午餐，谈话轻松愉快、酒香四溢。然而，用餐结束后，詹妮弗显得有些紧张。她尴尬地宣布她要出去抽根烟，我站起来说我也要去。她的脸一下子亮了起来。我说："这是件肮脏的事，但总得有人去做。"她说："是啊，我讨厌放弃的人。"我们离开桌子去了露台，亲密无间。

我希望这部电影能被拍出来。到目前为止，很多年过去了，电影还没有拍成。对我来说，这并不重要。我生活在充满可能性的世界里，转角处总会有令人兴奋的事情发生。

解读风险的随意性

这就提出了另一个关于可预测性的重要问题，我们将在后面的章节中再次详细讨论。一件事是好是坏，取决于我们的想法，而不是事件。任何事情都可以有两种看法，这取决于我们如何与自己交谈。诚然，半空的杯子总是半满的。我的母亲在年轻时就去世了，因此，在我的记忆中，她是一个充满活力的美丽女人，她从未遭受过许多老人每天都要经历的屈辱。

我一生中经历过许多难以预料的事情，这并不稀奇。更不寻常的是，我事后对这些经历的反思，让我认识到了可预测性的幻觉。

几年前的圣诞节前不久，我家发生了一场大火，烧毁了我大约百分之八十的财产，包括我的讲义和我为节日买的所有礼物。从"客观"上讲，这真是太可怕了。

火灾当晚，我十一点半参加完晚宴回到家，发现邻居们都在外面等我。他们在寒风中等待，这样我就不必独自面对伤害。他们还想确保我知道我的狗没事，这对我来说意义非凡。

第二天，我给保险公司打了电话。我告诉他房子已经彻底损坏；但我告诉自己房子里只有一些物品，这些物品反映了我曾经是谁，而不一定是现在的我。第三天，当代理人来到废墟前时，他说："这是我职业生涯中第一次，打电话时描述的情况没有实际损坏的情况那么糟糕。"在我看来，损失已经造成，再把我的理智加入损失清单似乎毫无意义。

对于失去书本和讲义这件事，我并不那么乐观。起初，我想把火灾的消息告诉系主任，要求他解除我的教学任务，因为我没有任何教学笔记，而新学期还有几周就要开始了。这样做肯定没问题，不过也会给我的同事带来负担，所以我决定尽我所能，履行我的教学承诺。

我全身心地投入备课中。由于我的讲义在火灾中被烧毁，我联系了前一年最优秀的学生之一，借用她的笔记来帮助我备课，这也是教授与学生之间的一种互动。我还描述了我第一天的火灾经历，以提醒学生们。我预测这堂课在很多方面不会很顺利，但出乎意料的是，这可能是我教过的最好的课程。我全神贯注，全心投入，无论是对我自己还是对学生来说，课堂都给人一种焕然一新的感觉。

火灾发生后的几周里，我和我的狗住在剑桥的一家旅馆里。平安夜那天，我离开酒店去吃晚饭。当我回来时，房间里竟然堆满了礼物，这些礼物来自客房服务员、为我停车的男士、女服务员和前台服务员。他们的同情和善意让我热泪盈眶。出乎我当初意料的是，我并不怀念在火灾中失去的任何被毁坏的物品，但每年圣诞节，当我回忆起这些充满爱心的陌生人的慷慨时，我仍然会感到温暖。

我不可能和其他人有那么大的区别，我生活中难以预测的例子多得数不胜数。就拿我母亲来说，她曾被称为宴会经理，负责安排婚礼、成人礼等活动。虽然她为这些活动花了大价钱购买服装，以让她看起来与受邀宾客有所不同，但有一次，她和新娘的母亲竟然穿着同一件衣服出席。谁能预料到，在有那么多可供选择的礼服的情况下会出现这种情况！有了那次尴尬的经历后，她决定专门为自己设计一套燕尾服裙套装。这是她同类产品中的第一套,以确保不会再出现同样的情况。同样,我们经历的每一个尴尬时刻都是无法预料的。

关于事件固有的不确定性,我最喜欢的例子是我们家的狗斯帕克。斯帕克有明确的喜好和厌恶,但你永远无法确定它对任何人的感觉。它摇尾巴是在请求关注还是试图攻击?

有一天,它和我的搭档南希在她的店里。有人走进店里,斯帕克觉得客人不喜欢自己,就咬了她的手。事情并不严重,但南希一直在等那位客人的律师打来的可怕电话,她确信自己会被起诉。但事实并非如此,相反,这位女士打电话来感谢南希,因为斯帕克救了她的命:她一直从事园艺工作,由于被狗咬伤,她戴着厚厚的橡胶手套,然后她碰到了带电的电线,若不是她戴着手套可能会触电身亡。

我们以为自己可以预测,但我们所能做的只是事后预测。事件发生后,我们中的许多人都成了"星期一早上的四分卫"。回溯思考,我们会发现一切都说得通,点与点之间很容易联系起来。简和比尔会离婚吗?谁知道呢,一旦简和比尔宣布离婚,我们就会想起他们对彼此的不友善,觉得我们早该知道。但我们不可能知道,因为他们对彼此也有很多善意。

预测风险通常是不可能的。当我还在纽约大学读本科时,寒假期间我和一位教师朋友一起去了波多黎各。当我们在海滩上游玩时,我的朋友遇到了两个要乘船去维尔京群岛的人。他们邀请我们

（其实是她）一起去旅行，我们答应了。我没有意识到自己会变得如此晕船，当她在喝酒调情时，我却在船舷上摇摇晃晃，风把我想要的一切全部返还给了大海（这不是我能预测到的风险）。当我们靠岸时，她决定留在船上，说第二天早上来找我。另一个男人同意把我送到我们选好的酒店，但路上又问我是否愿意在公共汽车站下车。我同意了，但不幸的是，公共汽车站正对着一家拥挤的酒吧，虽然我身上还沾着沙子、盐水、防晒霜和呕吐物，但酒吧里的男人们已经开始对我发出下作的嘘声。

就在这时，一辆吉普车开了过来，车上坐着一对年轻夫妇。他们看到我一个人在路边，就问我要去哪里。我现在面临着一个选择，是搭这对看起来很健康的陌生人的车，还是在黑暗中任凭这些看起来不健康的人盯着我？哪个选择更冒险？

我坐上了"圣丹斯"与"桑迪"的吉普车，他们同意带我去酒店。我们在丛林中行驶了一段时间，远离了有人居住的地方，我清楚地意识到我们的目的地不是酒店。我问圣丹斯，我们是否如约前往酒店。他说他不知道酒店在哪里，但明天早上就会知道。

我们最终来到了偏僻丛林中的一块空地。我被护送到一个巨大的树屋里，里面住满了人——大部分是大块头男人，也有几个女人。这些人看起来没有圣丹斯和桑迪那么健康。我们在地上围成一圈坐着，互相传递着一根大麻烟。我每隔三次就吸一口，这样既能融入人群，又不会嗨起来。有人问我是否知道他们是谁，当我说不知道时，他告诉我他们是地狱天使的成员。我尽量不让自己的声音流露出恐惧，问他们明天早上能不能送我去酒店。有人问酒店在哪里，令人吃惊的是，圣丹斯回答了。显然，他接我时就知道酒店在哪里。我的计划变成了：确保他们喜欢我，这样他们就不会伤害我；确保他们不太喜欢我，这样他们就会放我走。

当所有人都准备"睡觉"时，我们显然要处在同一个空间里，圣丹斯开始给我擦身体乳，告诉我这有助于睡眠。沙子、盐水、防晒霜、呕吐物，现在又是身体乳。我解释说，也许他应该省省他的身体乳，因为我浑身都是土。他最终对我失去了兴趣，而我也熬过了那个夜晚。

在晨光中，这个地方看起来就像一个健康的"六十年代公社"。我和圣丹斯、桑迪再次坐上吉普车，他们如约把我送到了酒店。他们甚至还开车转了几圈，确保我没事。

为什么这次经历对我来说如此有意义和难忘？当然，它很可怕。但我认为，它也让我认识到了决策的困难。我是否早该知道不应该搭陌生人的车呢？他们看起来很整洁，而酒吧里的男人们似乎都喝得酩酊大醉、肆无忌惮。我是否应该事先调查一下公共汽车多久会到，如果它真的会到的话？我是否本该知道一切都会好起来，而不至于在害怕中度过那个夜晚？

当别人认为成功的可能性很低时，行动就会显得很冒险。我上了那辆吉普车，我的父母一定会吓坏了。然而，我也记得做出这个决定的最初背景，那就是我正在一个喧闹的酒吧外等公交车，酒吧里满是骚扰我的男人。回想起当时的情况，我并没有因为自己上了吉普车而责怪自己。当时，这似乎是更安全的选择。如果我的父母知道我的选择，他们可能也会同意。如果我们知道为什么要这么做，我们就不会为没有这么做而后悔。事实上，后悔是没有意义的，因为后悔的前提是另一种选择会更好。一旦我们做出决定并采取行动，一切都会改变，这意味着我们永远不可能知道"没有走的路"会是什么样子。当我们对自己的选择不满意时，我们会无意识地假设未选择的替代方案会更好，然后每当想到自己可能错过了什么时，我们就会感到痛苦。没被选择的替代方案可能更好、可能更差，也可能一样。正如我们将在第 3 章看到的那样，有觉知的决策过程可以帮助我们避免这种令人紧张的后悔循环。

回到维尔京群岛的探险上来。我选择上吉普车又引出了另一个问题：为什么上吉普车看起来更安全？因为它给了我一种控制感。我不知道巴士什么时候会到，但我可以控制是否上车。在进行风险评估时，这种控制感会带来很大的不同，这种现象将标志着我科学生涯中的第一个重大发现。

控制的幻觉

我在耶鲁大学读研究生时，曾和其他学生一起玩过扑克牌游戏,他们中的许多人现在都是著名的心理学家。和几乎所有的纸牌游戏一样,牌是按顺时针方向发给每个玩家的。一天晚上,发牌员在发牌时跳过了一个人。意识到错误后,她把下一张牌给了被忽略的人。人们立即反对,大喊"错了!错了!"。请记住,牌是面朝下发的。这就好像其中一个玩家拥有了那张谁也没看到的牌,而因为它在另一个玩家手里,现在所有的牌都会被打乱。发牌员试图纠正错误的方式在我看来是合情合理的,但在我的大多数同事看来却并非如此,尽管他们总体上是一群非常理性的科学家。

我在拉斯维加斯也看到过同样的情况,人们守着他们的"热门"老虎机,甚至与它们进行亲密的讨论。他们似乎相信,他们可以通过拉动拉杆、对着老虎机甜言蜜语来控制机会。

这让我开始思考他们的"控制幻觉",于是我决定进行一系列实验来记录这种幻觉[3]。其中一个实验是研究人们如何玩彩票,我们制作了两种彩票:一种是我们熟悉的字母表中的字母,另一种是我们不熟悉的符号。然后,我们允许一些参与者选择彩票,尽管在我们可以控制的情况下选择很重要,但在彩票抽奖中,选择并不重要。彩票的随机性应该会让人们得出这样的结论:选择哪种彩票是没有意义的。

人们拿到彩票后,我让他们有机会换取另一种赔率更高的彩票,结果显而易见。如果一个人选中的彩票上有一个熟悉的英文字母,那么想保留它的人是其他人的四倍多。请记住,即使要交换彩票的赔率更高，人们的偏好还是发生了巨大的变化。

控制幻觉还能让人们相信，即使在偶然游戏等我们知道并不重要的情况下，熟悉感也是有意义的。当然，在技巧很重要的游戏中，经验和练习可以改善结果；而在偶然性任务中，练习不会产生任何影响。沉迷于老虎机并不能提高你获得奖金的机会。然而，在我的研究中，我发现对运气游戏更有经验的人也更有信心在游戏中取得成功。

于是我就想知道，人们除了买彩票，是否还能在没有主动参与偶然事件的情况下激发自信。为了研究这个问题，我利用扬克斯赛马场举行了一次抽奖活动，在该活动中缴纳入场费就会自动加入抽奖活动。我们在第一场、第五场和第九场比赛开始前20分钟与人们接触，向他们发放一份问卷，评估他们对中奖的信心。他们持有彩票的时间越长，思考彩票的机会越多，就越有信心中奖。

我在一次办公室抽奖活动中再次测试了这一点，有些人在一天内就拿到了包含一组完整号码的彩票，其他人则是连续三天收到彩票号码，因此他们至少要考虑三次彩票问题。当他们再一次被问及是否愿意用自己的彩票去换一张赔率更高的彩票时，那些至少要考虑三次彩票的人拒绝交换的可能性比其他人高出一倍，即使交换会使他们更有可能中奖。

本系列的另一项研究探讨了控制幻觉对竞争的影响。在技巧性比赛中，比如摔跤比赛，你的竞争对手确实很重要。与体重较轻或技术较差的人摔跤会更容易，就像一盘棋的胜负取决于你的对手是国际象棋大师还是新手一样。然而，在这项研究中，人们对抽高牌的结果下注，作为一种偶然性游戏，参与者的能力并不是主要问题。一些玩家与一位迷人、潇洒、自信的竞争对手配对，另一些玩家则与一位穿着大号夹克、笨拙、紧张的竞争对手配对。不出所料，尽管技巧对比赛没有影响，但人们还是对那位被认为是无能的、笨蛋的对手下了更大的赌注。

这些关于控制幻觉的研究是我研究生毕业论文的主题。当时，心理学家认为，正常、健康的人都是理性的主体。在做出选择时，他们假定人们会仔细比较各种选择，并使自己的效用最大化。我的研究表明，人们的行为往往是非理性的，他们会因为控制幻觉而拒绝更好的赌注。

在获得博士学位之前，我和其他人一样，必须在教师委员会面前进行论文答辩。我的博士答辩以典型的方式开始：我简单介绍了自己的工作，然后由委员会提问。刚开始一切顺利，然后委员会中的一位教授表达了一些疑虑。我尽力回应了他的话，然后问他是否在暗示我的工作存在漏洞。令在场所有人震惊的是，他说没有漏洞。"事实上，"他说，"我觉得研究间没有关联。"他不明白所有的研究是如何联系在一起的，委员会的其他成员与他争论不休。毫不奇怪，我受到了打击，但我还是拿到了博士学位，并对自己的工作充满信心。

当时，我也无法预测这些研究的未来影响力。我不知道这些研究会被引用成千上万次，并帮助推翻人类理性的模式。

这再次证明，我们不应该过分相信预测。

我们能控制什么？

自我首次进行控制幻觉研究以来，45年里我们对这一现象的了解大大增加。研究人员研究了谁更容易或更不容易在什么时候表现出控制幻觉。例如，心理学家纳撒尼尔·法斯特（Nathanael Fast）及其同事发现，拥有权力会增加控制幻觉[4]。因此，富人和受过教育的人表现得好像他们可以控制无法控制的事情。其他研究表明，这种错觉可能会带来高昂的代价，比如当金融交易员认为他们可以控制市场时，他们会做出更糟糕的决定[5]。

但我也修正了自己对控制幻觉的看法。简而言之，我认为控制幻觉并不总是一种幻觉。虽然它可能会导致人们在实验室里选择看似更糟糕的赌博选项，但它也能帮助我们在现实生活中应对风险和不确定性。从这个意义上说，所谓的"幻觉"往往是一种必要的心理策略。控制是一种动力，可以帮助我们应对各种不愉快和困难的情况。毕竟，如果你认为自己无法控制，那么你可能会变得无助。

在心理学家戴维·格拉斯（David Glass）和杰罗姆·辛格（Jerome Singer）于1972年进行的一项实验中，参与者暴露在令人不舒服的噪声中[6]。其中一组人拥有一个按钮，如果他们想停止噪声，可以按下按钮，但他们被劝说最好不要按按钮；对比组则没有任何控制噪声的方法。两组人都没有采取行动来减轻不适感，但那些认为自己可以控制噪声，从而在需要时可以得到缓解的人，不良反应较少。

这里还有一个例子。你已经在电梯里按下了自己想去楼层的按钮，但电梯门仍然开着。几秒钟过去了，你能感觉到自己的焦虑在增加。为了改变这种情况，你反复按关门按钮，几次过后，门终于关上了。

如果你和大多数人认为的一样，那么你会相信是你按下的按钮发挥了作用。但事实很可能并非如此，1990年的《美国残疾人法案》（Americans with Disabilities Act）规定，所有电梯必须保持至少三秒钟的开门状态，以便残疾人有足够的时间进入电梯。为此，许多电梯制造商完全停用了关门按钮。

我想说的是：即使按钮不起作用，它们也能给乘客带来控制感。它们能帮助我们应对电梯门不关闭的那几秒钟，而这种效能感会带来不同效果。此外，给人们一种控制感，可以让他们真正控制住在看起来无法正常工作的电梯里的不适感——即使是坏掉的按钮，也能让我们感觉更好。

更重要的一点是，从个人的角度来看，控制幻觉并不是一种错误的信念。通过相信我们的控制能力，我们获得了真正的力量。"幻觉"往往代表了对形势要求的有效反应。在此我要重复一下我的研究中的一个重要主题：人们的行为方式从他们的角度来看是合理的，否则他们就会采取不同的行为方式。

想象一下，如果没有控制幻觉，人们对自己是否拥有影响随机结果的能力的看法实际上会很真实。在另一个世界里，人们不会在意自己是否能选中彩票，当然也不会反复按下坏掉的电梯关门按钮。听起来很理性，对吧？

然而，这种合理的另一个世界也会产生一些问题。如果我们放弃了控制"幻觉"，我想我们也会放弃对心智的真正控制。例如，如果我们不按那个坏掉的电梯按钮，我们就很难处理那些压力和不耐烦的感觉，我们的情绪控制能力就会受到影响。

或者想想我在波多黎各的假期。当我坐上那辆吉普车时，我感觉自己控制住了局面。也许这只是一种错觉——毕竟我是跳上了一辆陌生人的车，但我相信，我的控制感让我有足够的心理准备来处理接下来发生的事情。

但是，将控制幻觉视为另一种幻觉还有一个更大的问题：因为我们尚未得知全部决定我们能否有效控制事件的原因，所以不相信控制的可能性会导致我们在很多情况下低估自己影响事件的能力。例如，英国电梯里的关门按钮是有效的，但如果你像许多美国人那样，认为按钮与关门的速度无关，你就永远不会知道这一点。这就是为什么最好相信我们能够控制事件，即使这偶尔会导致我们在科学实验中为次优的选项下注。

同样，控制幻觉对持有幻觉的人来说并不是幻觉，就像冒险对冒险的人来说并不是冒险一样。一般人在了解了幻觉之后，都认为自己不应该从事这种行为。但我们很快就会看到，我们可以体验到有觉知的控制在促进健康和减轻压力方面的好处。如果我们被诊断出患有可怕的疾病，却认为自己无法控制，我们就会变得无助，这本身就不利于我们的健康。

防御性悲观与觉知乐观

觉知乐观的优点之一是，它能帮助我们专注于我们能够实际控制的事情。考虑到宇宙固有的不确定性和人类思维能力的有限性，认为我们可以提前预知每一种结果和风险的想法似乎有些疯狂。如果我们在做决定之前就寻求控制，就会给自己带来压力和失望。更好的办法是在做出决定后再控制事态的发展。我们将在第4章中看到，试图预测未来才是真正的控制幻觉。决策的问题在于，我们往往不仅会因为重要的决策而感到压力，也会因为无关紧要的选择而感到压力。这种压力带来的影响可能比"错误"选择引发的最坏情况更糟。

首先，对决策结果的担忧会导致防御性悲观主义，即我们不断地为最坏的情况做准备。在我看来，这是一种失败的策略。事件没有好坏之分，是我们的想法让它们变成了这样。

防御性悲观主义让我们一直在寻找消极的东西。寻找，就会发现。消极思想淹没了我们，使我们感到压力，而这对我们的健康不利。过于期待失败往往会造成失败。

我建议我们采取一种觉知乐观的态度。这并不意味着我们应该埋头苦干，坚信一切都会好起来，相反，我们应该认识到事件中存在不确定性和风险并不新鲜。一切事件一直存在不确定性，只是我们对此熟视无睹。

我们可以担心、可以放松，事情的结果可能是好的、可能是坏的。如果我们担心，结果却一切顺利，那我们就给自己施加了不必要的压力；如果我们担心，结果却很糟糕，我们通常不会比不担心的时候准备得更充分；如果我们放松了，结果却很糟糕，我们就会更坚强地去应对；如果结果很好，我们就可以继续采取适应性的行为。

我们该如何采取觉知乐观的生活策略？在新冠大流行之初，我就在思考这个问题，因为很多人都在长期焦虑和长期悲观中挣扎。对我来说，"觉知乐观"始于实施一个有用的计划，比如洗手和戴医用口罩。这也意味着，我遵循了保持社交距离的指示。然而，在执行计划之后，我又努力在每时每刻都活得充实，并暗暗期待一切都会好起来。

事实上，如果我们接受生命中固有的不确定性，我们就能在规则和打破规则的问题上采取一种觉知乐观的态度。当我因脚踝骨折住院时,我用画水彩画打发时间。有一位护士特别好奇,于是我尝试从我的角度教她画画。我告诉她,与其担心"正确的方法"或遵循"绘画规则",不如只管去做。我解释说,对我来说,一旦我犯了"错误",整个过程就会变得生动起来。我强调,它们根本不是错误,只是通向新事物的入口。

因为很多人认为艺术是主观的,所以他们很容易接受这种激进的建议。这位护士似乎接受了这一建议——她似乎很享受这种只管画画的自由。然而,科学家们却不那么愿意放弃确定性。虽然科学具有客观性,但我们必须记住,所有被研究的变量——种类和数量——都是由有自己偏见的人选择的。改变这些变量可能会改变研究结果,而研究结果也只是概率而非绝对。我们应该放弃客观概率的想法,放弃可预测的风险,放弃可以事先划分对错的决策。相反,我们应该把所有的选择都视为成长和受教育的机会。

一旦我们做到了这一点,我们就会发现压力和后悔等情绪不再是问题。世界也会变得不那么可怕,而是有趣得多。

第 3 章
资源有限假设与富足的世界

"我们的富足不在于我们拥有什么,而在于我们享受什么。"

——伊壁鸠鲁

你认为杯子是半空还是半满的?我们在各种场合都会听到这样的二分法,但这个老生常谈的问题真正要表达的是富足还是匮乏的问题。

我的一个朋友有一种天赋,就是喜欢用消极的眼光看待一切事物,至少我最初是这么理解的。有一天,当我购物回来,兴奋地告诉她我找到了打折的运动鞋时,她一脸沮丧。

我很快意识到,虽然我以为我是在告诉她一个好消息,好让她能享受打折的机会,但在她看来,鞋子的供应是一个零和游戏:如果我买到了什么东西,那么她能得到的东西就少了。因为她生活在一个物以稀为贵的世界里,所以她认为我买了最后一双鞋。

有些人——比如我——看到的是一个富足的世界。如果我听说有人买到了好东西,我就会认为自己也能买到。我的基本假设是,鞋店库存足够多,而且肯定还有更多的运动鞋在打折。

这样的观点影响着我们的生活。但是,我们假定一个人的富足感或匮乏感是稳定和固定的,这让事情变得更糟。也就是说,我们错误地想当然地认为,如果你看到的是一个匮乏和有限的世界,那么你必然永远看到的是一个匮乏和有限的世界。打个比方,你总是会嫉妒那些发现鞋子打折的人。但好消息是,我们很快就会知道,我们的观点根本不需要固定不变。我们可以采用新的视角,尤其是涉及我们的健康和衰老体验时,我们的生活可能会得到极大的改善。

"正态分布"是正态的吗?

人们普遍认为资源是有限的。我们认为,才能、技能以及物质财富都是"正态分布"的。也就是说,有些人拥有很多,大多数人拥有一般数量,而有些人则拥有很少。例如,如果我们给人做智商测试,把他们的分数画在图表上,我们可能会看到一个钟形,这就是所谓的分数正态分布。少数人的智商很高,大多数人的智商一般,分数接近中间值(即平均值),少数人的分数很低。无论你谈论的是智力、美貌、自制力还是善良,我们都假定这些品质在人群中的分配是不平等的：一小部分人拥有很多，我们大多数人拥有平均值，而一小部分人拥有很少。

健康状况是否呈正态分布？在我看来，将健康视为一种随机分布的静态状况是愚蠢的。然而，我们很多人就是这样对待自己的健康的。显然，我们的健康状况可能改善、可能恶化。这不是随机的，也不是正态分布的。当我们认为一小部分人会非常健康，而另一部分人注定会生病时，我们就会失去很多。事实上，几乎所有人都有可能平等地拥有健康的身体。

然而，"匮乏"的概念仍然无处不在。其基本信念是，我们不可能人人都有才能、智慧、美貌等。我们称其为正态分布是有原因的——好像不可能有其他方式。如果事物不需要被视为匮乏，那么为什么这种神话会持续存在呢？这个问题的另一种问法是："谁从匮乏中获益？"如果有足够多的财富、我们每个人都能同样富裕，那么我们中的某些人怎么会被视为比其他人更优秀呢？要想名列前茅，就必须有人垫底。如果每个人都得了Ａ，我怎么会被视为班里最聪明的人呢？因此，为了证明自己的地位高，享受这种地位的人就会想方设法证明自己比其他人拥有更多的技能。如果每个人都有同样的资格，那么就没有人可以高高在上。换句话说，为了保持较高的地位，我们创造了使我们保持这种地位的标准和尺度。

要对抗匮乏性假设和正态分布并不容易。如果我有"有限"的资源可以分配，比如一封赞不绝口的推荐信，我会把它给那些在我的课堂上获得A的学生，而很少去反思是什么决定了某一年的成绩。我的"决策制定"研讨会碰巧培养出了一些出色的学生，因此有些时候他们都应该得A，而我也都给了他们A。我供职的大学发现这一点后，我受到了上级领导的批评，他们给我寄来了一份打印件，上面显示了每个被我评为A的学生在其他课程中的表现，表明我的成绩是个异常值。在某种程度上，认为每个学生都很聪明是有压力的。这并不意味着我们应该取消分数或考试，因为我反对我们对待成绩的方式：将其视为衡量成功的不可侵犯的标准。

当然，有些资源是有限的。举个例子，试想一下，一个大学系里有3个研究生名额，而申请者有50人。系里必须根据事先确定的标准来决定谁最有资格。问题在于谁来决定标准。毕竟，制定标准的人也是人，就像我们在第1章中讨论的规则一样，不同的人对事物的看法也不尽相同。除了试图建立客观标准的固有缺陷，还有另一个问题：如果明年我们有50个名额，会发生什么？因为我们现在认为制定标准的过程是客观的，所以我相信我们仍然会使用原来的标准来选拔学生，并且会留下一些空缺名额，而不是对标准提出疑问。

当我们没有认识到原始标准的任意性时，我们就不会寻求更有觉知的解决方案。相信既定的标准会让我们更容易做出决定，并相信制定标准的逻辑能够经得起时间和环境的考验。换句话说，因为我们过去是根据特定的标准来选择研究生的，所以我们就认为这一定是继续选择研究生的最佳方式。举例来说,如果一个人在大学里成绩很差,她或他很可能会被拒之门外,但如果一个人成绩很差,同时却是一篇已发表论文的第一作者,我们当然也可以为他或她寻找理由。

再举一个例子。我还是个孩子的时候,父亲是镇上棒球少年联盟的教练。每个赛季,他都会先让我朝某个方向击球,看我能不能控制好挥杆;他击打飞球,看我在外场接球的能力如何;他在内场击打滚地球给我,看我能否接住。我的年龄和棒球天赋给他留下了深刻印象,后来他就用这个标准来评估新一批参加选拔的男孩。那些和我表现一样好的男孩可以入队。当然,我不能入队,因为那时的少年棒球联盟只适合男孩。虽然现在回想起来,我对这种惯例的随意性感到惊讶,但在当时,我从未觉得这有什么奇怪,女孩根本没有资格参加比赛,就是这样。

还有一次,在荣誉高中的英语课上,我选择写一篇关于埃德加·爱伦·坡的论文。老师在还不知道我对这个题目的回答的情况下,就贬低了我的选择。在她看来,有些题目值得写,有些题目不值得写。我改写埃兹拉·庞德后,她同意了我的决定。我想,哪位诗人的诗表面上越难懂,她就越尊重那位诗人。

我在工作中也看到过这种情况。我的实验和研究结果常常被认为简单得不像真的,而我坚持认为让事情看起来简单很难。我们怎么会认为复杂和困难等于思维质量高,而简单意味着思维质量低呢？想想爱因斯坦创造的"简单"公式 $E=MC^2$。

天赋、能力、智力以及友善和慷慨等个人特征通常也被视为呈"正态分布"。一旦我们知道了自己在这个连续体中的位置，我们就会轻率地继续做自己的事情，从不质疑是谁选择了这些标准，如果是其他人做出选择，或者同样的人选择了不同的标准，生活会有什么不同。

音乐天赋在人们眼中肯定是有限的。初中时，老师让我们每个人选一首歌在全班同学面前唱，我选了一首叫《哦，我的爸爸》的歌，虽然我努力地练习，但还是对唱歌这件事感到胆战心惊。我被告知唱歌不走调，但不能持续唱太久。每个学生依次站起来唱，快到我了。排在我前面的同学唱歌走调，但老师对她很友善，训斥了全班的哼唱声。我知道我有麻烦了，我知道这意味着我将首先受到她的批评：如果她对我们所有人都一样友善，那她就无法达成这次练习隐含的目的——说明我们的音乐能力参差不齐。不幸的是，我猜对了。她明确指出，我不属于班上有天赋的孩子。这并不完全是羞辱，但也并不有趣。当我比较东方的调性音乐和无调性音乐，或者考虑到莱昂纳德·科恩和鲍勃·迪伦这样的歌手，他们的说唱让音质变得不那么重要时，我再次质疑用来鉴别天赋的标准。不止我一个人持这种观点，大卫·鲍伊（David Bowie）曾为鲍勃·迪伦写过一首歌，说他的声音就像沙子和胶水。

我们的语言中普遍存在资源有限的假设。每次听到这种说法，都会引起我的注意。假如我约好友一起吃晚饭，她打电话给我说："我差不多要走了，但我得先去洗个澡。"我通常会回答："不，来我这儿洗吧。"而其他的时候，她可能会告诉我她才刚刚吃午饭。多年来，我认识的很多人都有同样的语言习惯。我在想，如果他们是在富足的环境中长大的，他们是否还需要用这种方式来宣布自己的所有权。正如丁尼生所写的那样，"围墙并不能困住我的心"。当你生活在一个匮乏的世界里时，你会花很多时间担心匮乏的资源；而在一个充裕的世界里，我们可以思考更多有趣的事情。

游戏何须努力

限制高层职位的数量通常是合理的，因为需要证明那些高高在上的人所说的必须付出艰苦努力才能获得这些职位是正确的。我们深信努力是困难的，按照这种逻辑，努力本身就是不愉快的，即使我们最终成功了也不会感到高兴。这种观点只会让我们对开始这项活动望而却步。

当然，如果我们发现某件事情令人不快，我们可能会试图克服这种感觉，无论如何都去做。鉴于厌恶是在我们的头脑中，而不是在任务中，换个角度思考可能会更成功。无论我如何努力不暴饮暴食、不紧张或不生气，如果我把自我改善的尝试寄托在意志的努力上，我就很可能会暴饮暴食、更加紧张和生气。"为什么我不能让自己去健身房？"在没有改变其他情况下更努力尝试，很容易让事情变得更糟。

如果我们更加尊重自己的选择，就不会有那么多失败。如果东西不好吃，为什么要吃？你如果不喜欢健身房，为什么不找一种更愉悦的运动方式呢？与其努力去做我们讨厌做的事情，不如试着找一个替代方案。如果做不到这一点，而且似乎经常做不到，那么关键就是要重塑我们讨厌做的事情，让它不再痛苦。如果我们不告诉自己必须去做，那么几乎任何事情都可以变得愉悦。当我们把它变得有趣时，努力就变得没有必要了。想想看，努力吃自己喜欢吃的东西或做自己喜欢做的事情，听起来是多么奇怪。如果我们喜欢吃比萨或巧克力蛋糕，吃它就不是什么苦差事了；如果我们喜欢做某件事情，我们就会感觉毫不费力。当我们全神贯注地投入时，我们不会注意到努力是否存在。

人们普遍存在一种误解，认为努力是需要最小化的东西。当你无觉知或不情愿地做某件事情时，你确实会有这种感觉。如果让你洗碗，你可能会懒洋洋地擦洗。但愿你不会为此付出任何真正的努力。如果事后让你描述这项任务，你可能会说"很难"，但如果你想用干净的碗碟给别人一个惊喜，你就会洗得很快且带着微笑。努力？什么努力？

觉知从根本上消除了努力的概念。当我打网球时，我客观上付出了很多努力，但我不会这么说。如果你要撕开一个密封的包裹，因为里面有一份礼物，你甚至都不会去想努力的概念，尽管这可能需要付出相当多的努力。

多年前，我和研究助理温迪·史密斯（Wendy Smith）做过一个实验，让人们完成同样的任务，但我们给其中一半人贴上"工作"的标签，给另一半人贴上"游戏"的标签[1]。尽管这项任务是给动画片打分，看起来很有趣，但那些把它看成是工作的人并不喜欢，他们的思绪飘忽不定，当实验结束时他们很高兴。与此相反，那些认为这是"游戏"的人却很享受这项任务。此外，我们还发现，那些被要求"玩"着给动画片评级的人也觉得自己是在工作，而那些被要求将打分当作"工作"的人则觉得不是这样。这样的例子比比皆是：汤姆·索亚认为粉刷栅栏是工作，而他的朋友们却不这么认为；自己洗碗并不有趣，但饭后为朋友洗碗却很有趣。这里重要的是要记住，任务既不会被普遍认为是有趣的，也不会被普遍认为是艰巨的。这取决于我们如何看待它们。

许多公司试图让工作看起来更有趣，以提高工作效率。例如谷歌在办公室里摆放了乒乓球桌，厨房里备有有机美味的零食。大多数情况下，这种激励措施可能会在短期内奏效，诱使人们去做一些他们并不觉得诱人的事情。但是，与其在喝药后吃一勺糖，不如让药的味道变得更好。我相信，几乎任何活动都可以真正充满乐趣。在工作中添加一些东西，使其变得"可口"，只会加深人们对工作的固有厌恶感。

但是，如果每个人都喜欢自己正在做的事情，而且做起来相对轻松和顺利，那么那些高层的人又如何维持他们的地位呢？难道对我们中的一些人来说，匮乏意味着痛苦，健康意味着努力吗？

负面行为特征的正面版本

匮乏心态最有害的后果之一是，它让我们把人分成赢家和输家、富人和穷人、善良或不那么善良、有才华或没有才华，因此更值得或不值得我们使用有限的资源。

人们很早就需要分出胜负。上高中时，我曾看到一个女孩在体育馆哭泣，因为她没有被邀请加入一个受欢迎的女生联谊会。因为我的姐姐是联谊会的成员，所以我被认为是"传承人"，可以加入。我为这种不公平感到难过，于是我把学校里一些比较受欢迎的女生召集到家里，我们决定都退出联谊会。开玩笑时，我们决定称自己为"精英"。20多年后，我与高中时的一位老朋友取得了联系，她在我们退出联谊会那天并不在场。她告诉我，没有加入"精英会"，她是多么痛苦。

我在耶鲁大学读心理学研究生时，曾在耶鲁大学心理教育诊所工作。病人自费接受治疗，而且常常不远千里前来就诊，这充分说明他们有改变自己行为的动机。但很多时候，他们还是无法改变。我曾被教导说，如果人们有改变的动机，并表明他们知道需要做什么，他们就会去做。所以我为那些被困住的人感到沮丧，我想告诉他们"去做就是了"，但我也知道这不会被认为是好的治疗方法。后来我意识到，尽管他们嘴上这么说，但实际上这些病人可能非常重视他们所说的想要改变的行为。

我的一位哈佛大学本科生劳拉琳·汤普森（Loralynn Thompson）和我决定对此进行测试[2]。我们给了人们一张纸，上面有大约100种行为描述，要求参与者圈出那些他们无法改变的行为。在纸的反面，按随机顺序排列着这些负面行为特征的正面版本。现在，他们的任务是圈出那些他们看重的东西。因此，一面列出了反复无常、易冲动、易受骗、固执和冷酷等特征，反面则列出了灵活、率性、信任、稳重和严肃等特征。果然，人们试图改变而未果的大多数东西，都是他们从正面看待自己时所珍视的东西。

当回顾我生命中的不同事件时，我有了这种理解，它们对我来说就有了意义。在我12岁左右的一个夏天，我在夏令营里结识了一个不受欢迎的女孩，因为我觉得她很可怜，我花了很多时间和她在一起，希望其他人也能这样做，但他们并没有这样做。最终，我在给予了她我认为很慷慨的帮助后，从这段新的友谊中退了出来。她的看法却大相径庭，她觉得我抛弃了她，而不是感激我们在一起的时光，她觉得是我背叛了她。虽然我仍然认为我做了一件好事，但现在我意识到，从她的角度来看，我是在居高临下，而不是慷慨大方。

许多人认为，不做评判的方法就是更多地接受他人，接受他们的"弱点"。我的观点截然不同。我认为，认识到他人行为的意义是不做评判的一条途径。如果我质疑一个人的行为，但随后又问他这样做的原因是什么，那么即使我不同意他的结果，他的行为几乎总是有道理的。我不会苛责他们，也不会认为他们应该改变，除非他们想改变。比如说，我可以不轻信别人，但因为我重视信任，所以我选择不这么做。

想想欺凌吧。对许多人来说，欺凌者是欺负弱小者的坏人。如果可能的话，他们应该受到蔑视和惩罚。人们在被欺凌时的刻板印象是，欺凌者很强大，所以他们让我们感到软弱和害怕。但从欺凌者的角度来看，又会发生什么呢？在我看来，欺凌者是一个极度缺乏安全感的人——他知道唯一能让自己感觉良好的方法就是欺负别人。如果从这个角度来看待欺凌者，我们可能会为他感到难过，而不是害怕。如果我们不害怕，他就没有欺负我们的动机。

当我得知我关心的人骗了我一大笔钱时（如上一章所述），我就是这样反应的。尽管我感到背叛，但我最难以抑制的情绪是为他感到难过。

别人的鞋子：换位思考的问题

我们不应该对他人妄加评论，除非我们站在他的立场上走了一公里。请看王子与乞丐的故事吧[3]，王子想知道乞丐是什么样子，于是从王宫里走出来，穿上了流浪者的衣服。在我的记忆中，王子生活在乞丐中间，他认为自己亲身体会到了比他不幸得多的人的生活。王子现在是否有了乞丐的视角？有了这种新的智慧，他能更公正地进行统治吗？在我看来，答案是"不能"。

对我来说，作为乞丐最糟糕的事情可能就是不知道自己是否有足够的食物吃或是否安全。这些都是王子即使在扮演乞丐时也能得到的。他所要做的，就是不再试图从乞丐的角度出发，重新做回王子，而乞丐却没有这样的选择。

不如这样想。我们经常得到的建议是，观点是以相同方式接触相同信息的结果。如果是这样的话，那么我们要理解别人的感受，只需要"从他们的角度"来看待这些信息。但是，如果你真的穿着我的鞋子走路，你的脚塑造皮革的方式难道不会与我不同吗？我习惯了我的脚的感觉，所以随着时间的推移，我对一些事情变得敏感，对另一些事情变得麻木，你却无法看到这些问题。如果我们理解和感受信息的方式是我们生活经验累积的结果，那么，我的生活和你的生活不同，我便无法真正了解你的感受。

那么，穿他人的软皮鞋行走又能学到什么呢？与其认为大概站在他人的角度考虑问题之后我们真的能知道他人的感受，不如相信在行走中发现了我们之前不知道的东西。如果我们经常这样做，我们就会更愿意询问别人想要什么、需要什么，并相信他们的回答，而不是假设我们知道。

奇怪的是，尽管在人际交往中相似的品位让我们走到了一起，但我们往往会把注意力集中在彼此的差异上。无论我们在考虑什么，其中一个人总是比另一个人强，因为没有两个人在任何事情上是完全相同的。虽然我们两个人都可能比较整洁而不邋遢，而且在处理金钱方面也都相当出色，但我们中的一个人一定会更整洁一点，或者在处理金钱方面更出色一点。

这些差异往往会被放大，固化在我们的脑海中，所以我们一个变成了懒汉，一个变成了理财困难户。说得更贴切一点，我和我的搭档记忆力都很好，然而，她确信她的记忆力比我好。她会问我一些事情，而我可能根本不知道她指的是什么。当我们有了最初的经历时，我们发现了不同的有趣之处，因此在某些方面我们实际上经历了截然不同的事件，也因此她回忆"她的"事件的方式可能与我回忆"我的"事件的方式完全不同。然而，对她来说，我可能显得"健忘"。从另一个角度看，我们看到的是差异，而不是不足。

我们不禁要问，这种视角上的差异究竟在多大程度上导致了老年人记忆力衰退。如果你用麻将和《匹诺曹》（pinochle）与游戏机和《魔兽争霸》（Warcraft）来测试记忆力，我猜老年人记得更多的是前者，因为那是他们年轻时常玩的游戏，而年轻人记得更多的则是后者。换句话说，很多被认为是失忆的情况实际上是价值观的不同，而不是记忆力的不同。如果我一开始不学是因为我不在乎，那么当我后来不知道的时候，就不是因为我忘记了，而是因为我从来没有学过。在一个假定个人能力有限的世界里，天真的现实主义盛行：理解事件的方法只有一种。

雷蒙·格诺（Raymond Queneau）在他的著作《风格练习》（*Exercises in Style*）中，从不同角度重述了一个关于两个人在公共汽车上相遇的简单故事[4]。你可能会认为，既然相遇的是两个人，那么就只有两种视角，但格诺却从 99 种不同的视角讲述了这个故事。虽然我并不建议用如此多的视角来看待问题，但认识到这一点是可能的，这能让我们看到所有人并非只能共享一种现实。

即使是我们当中最聪明的人，也会陷入从单一角度看问题的陷阱。我在耶鲁大学的导师鲍勃·艾贝尔森（Bob Abelson）和我打算做一项关于"疯狂"认知的研究。我们从来没有为这项研究成功创造出一种刺激物来表示"疯狂"，他会说："一个女人把糖果包装纸放进冰箱。"我会说："这不是疯了。她是在提醒自己，当她拿起冰箱里的甜点时已经摄入了足够的热量。"他会说："一个男人到凌晨还不睡觉，一定是在纠结什么。"我会说："他不是在纠结，他是在解决问题，但不是所有的问题都能被快速解决。"这样的对话一直持续了很久。

最终，我的内隐信念变成了明确的论点：从行为主体的角度来看，行为是有意义的，否则她/他就不会这样做。在我的职业生涯中所写的所有文章中，这可能是对我最重要的启示。在一篇心理学评论文章中，米赫内亚·莫尔多维亚努（Mihnea Moldoveanu）和我表明，如果我们从多个角度考虑，行为决策理论和认知心理学中对相同结果的几种不同解释都能得到"事实"的有力支持[5]。被心理学家视为"弱顺应"的人，可能被更好地理解为有助于社会交往的顺利开展；被视为容易受骗的人，可能被更好地理解为善于信任他人等。虽然匮乏心态会让我们把自己的差异视为缺陷，但其实大可不必如此。

我们如何才能超越这种匮乏心态呢？我认为我们可以从我所做的一些关于视力的研究中汲取经验，这些研究也揭示了匮乏的信念是如何与健康问题联系在一起的。特别是，这项研究提醒我们，许多我们认为随着年龄增长不可避免的身体限制，在很大程度上是我们心态的产物，而不是我们身体的产物。

在一项实验中，我们招募了麻省理工学院预备军官项目的学生。在使用标准视力测试表对学生进行测试后，我们要求他们使用飞行模拟器"成为飞行员"[6]。由于空军飞行员被认为视力较好，因此我们假设学生在模拟器中扮演飞行员时，视力会有所提高（我们甚至让他们穿上飞行员制服，以增强他们的角色扮演感）。果然，通过让他们在使用模拟器时阅读微小的数字和字母，我们发现40%的"飞行员"的视力得到了改善，而对照组学员的视力却没有任何改善。他们的新心态消除了身体上的限制：心态"改善"了，因此身体也"改善"了。

然后，我们用更多的学生样本复制了这些结果。我们没有让他们假装飞行员，而是让他们做几分钟的跳绳，以激发他们的"运动"心态。同样，在"运动"心态下，约三分之一的人视力得到改善。在另一项实验中，我们将标准视力表倒置，使字母在向下读时变大而不是变小。同样，由于我们改变了人们的期望，这样做也导致了成绩的提高。人们相信，随着视力表向下读，他们就能看到字母，因此他们确实看到了"正常情况下"无法识别的字母。当然，这项研究的寓意是不存在这样的"正常"：我们能看到的比我们想象的要多。

我们常常让自己对匮乏的假设左右自己的行为和健康。我们对自己苛刻，对他人吹毛求疵。我们假设自己无法变得更强壮、更聪明或视力更好，因为我们中的一些人注定比其他人差。我们认为压力是必要之恶。我希望，我们能够学会看穿匮乏的把戏，体验一个充满更多可能性的世界。

当3M公司未能制造出一种强黏合的胶水时，它本可以将这种化学混合物当作失败品而弃之不用。然而相反，它却用心地创造了便利贴，这种产品的精髓就在于它不能很好地黏合。这创造了一个全新的资源和办公产品类别。一旦我们意识到，大多数东西都可以有多种用途，而不是最初的单一用途，新的资源就会不断涌现。

如果我们采用新的思维方式，学会超越"匮乏"的迷思，我们就能在不断变化的身体中找到新的机遇。

第 4 章
为什么要做决定？

"一旦你做出决定，整个宇宙就会合力让它实现。"

——拉尔夫·沃尔多·爱默生

可能很少有什么事情能像必须做出一个艰难的决定一样让人备感压力。而每当我们面临这些决定时，我们的身体就会受到伤害。1974年，当我开始寻找教职时，我参加了好几次令人头疼的面试。我对哈佛大学的一份工作很感兴趣，但我决定不去争取，因为当时他们不给女性终身职位。当我得到卡内基-梅隆大学的职位时，我非常兴奋，因为当卡内基著名的决策理论家、诺贝尔奖获得者赫伯特·西蒙（Herbert Simon）知道那天是我的生日时，他和一位同事打电话给我，在电话里唱起了《生日快乐》。而我同时也得到了家乡纽约市立大学研究生中心的工作机会。显然，我有很多选择，但接受哪份工作对我来说是一个非常重要的决定：我害怕自己会做出错误的决定，毁掉自己未来的生活。

当我访问卡内基-梅隆大学时，我们谈了很多关于研究和心理学的话题，但在纽约市立大学，我们谈了很多关于食物、艺术和政治的话题，而不是研究成果。这些差异说明了什么？哪所学校更适合我？我应该做出怎样的决定？

这是一个重要的人生选择，我非常认真地对待它。我收集了很多关于每所学校的信息。我为这个选择忧心忡忡，可能在这个过程中还失眠过。我在耶鲁大学的一位教授欧文·杰尼斯（Irv Janis）教导我，做决定的最佳方法是写出各种选择以及每种选择的优缺点（对他而言，这就好像清单是有限的），然后根据重要性进行权衡（对他而言，这就好像清单是稳定的）。我按照他的建议去了研究生中心，结果让人不太满意。但作为一个土生土长的纽约人，研究生中心的工作确实以一种非常个人化的方式吸引着我，因此我重新调整了我的清单，改变了优势和劣势的相对"权重"，使它在清单上名列前茅。然后，我接受了这份工作，并在那里愉快地教了几年书。

这个决定正确吗？如果我在卡内基-梅隆大学开始我的教学生涯，我现在的生活会是什么样子？我们无从得知。

然而，在我加入研究生中心后的一个夏天，纽约市立大学面临财政问题，教职员工的工资被拖欠。我很担心，于是决定去找其他工作以防万一。我看到哈佛大学教育学院发布了一份临床心理学家的工作招聘。虽然我并不符合条件，但还是去应聘了。教育学院遴选委员会的老师们认为我并不适合他们的职位，但他们并没有将我的申请搁置一旁，而是出人意料地将我的申请转交给了哈佛大学心理学系主任布兰登·马赫（Brendan Maher）。这是我始料未及的。

他对我很感兴趣，在进行了必要的面试后，布兰登打电话给我，给了我一个心理学系的职位。我受宠若惊，但我告诉他，我知道哈佛没有终身教职，所以我不打算接受这个邀请。对此，他解释说，虽然哈佛确实还没有为初级教师设立终身职位，但这并不是一项政策，我很有可能获得终身职位。

由于我再也写不出一个列有严重不利因素的清单，我兴高采烈地收拾行李前往剑桥市。我是否应该考虑更多的选择并进行成本效益分析？这样我又能得到什么？有些决定，比如这次的决定，看起来简单，一目了然。虽然我无法预测结果，但直觉告诉我，这是一个令人兴奋的机会。

决策系统

20世纪90年代，心理学家对决策的主流看法与欧文·杰尼斯的逻辑列表比较法一致[1]。人们认为，通过计算每个备选方案的可能成本和效益，就能做出成功的决策。从本质上讲，心理学家只是采用了经济学中的理性行为人模型。在此基础上，他们又加入了主观经验：一个人的利益可能与另一个人的利益无关。从形式上讲，这就是所谓的主观预期效用理论。

显然，我并不是这样做决定的，所以我的决策理论与这种观点完全相悖也就不足为奇了。此外，我并不认为人们在做决定时一般都会进行烦琐的成本-效益分析。不过，在分享我关于我们如何做决策以及应该如何做决策的观点之前，有必要先了解一下该领域的发展情况。

近年来，决策理论的发展包括了人们如何做出决策的两种模式。诺贝尔奖获得者丹尼尔·卡尼曼（Daniel Kahneman）创造了"系统 1"和"系统 2"这两个决策术语来描述这两种基本路径[2]。系统 1 是无意识决策，它速度快、受本能和先前学习的驱动、通常依赖于思维捷径或启发式方法。例如，你看到汉堡王的招牌，于是改变计划，从高速公路拐弯去吃炸薯条；或者你高兴地回应朋友的电话，因为他有一张额外的票可以去看你最喜欢的歌手的演唱会；或者你穿上你最喜欢的衣服去面试，而没有考虑其他的可能性。在这些情况下，我们并没有有意识地进行任何成本-效益分析，我们只是凭直觉行事。

另外，在卡尼曼的系统 2 决策系统中，我们会花时间和精力思考各种选择。我应该继续从事目前的工作，还是接受一份新的工作？我应该买哪套房子？在做这些决定时，我们会比较各种选择，寻找成本和效益，而且常常会为该怎么做而感到压力。乍一看，系统 2 似乎是有觉知的。

虽然系统 1 和系统 2 与无觉知和有觉知有着明显的相似之处，但在我看来，这些相似之处都是虚幻的，而且这两种决策模式都存在或可能存在缺陷。除非我们想把所有事情都称为决策，否则系统 1 的"决策"都是无意识的，因此根本不是真正意义上的决策，就像在输入我的名字时"决定"在键盘上敲哪个字母一样。在我看来，如果我们当时没有意识到我们可能会考虑采取其他行动，那么我们就不是在做决定。由于无觉知，我们会无视眼前的机遇或避免尚未出现的危险的方法，一意孤行。

对我来说，系统 2 也可以是无觉知的，这也是我与一些同行的共识相左的地方。系统 2 思维本质上不是有觉知的，这正是因为它本质上是需要努力的。考虑一下 372+26 的加法，虽然这本身不是一个决定，但有助于说明问题。虽然不是很难，但对我们大多数人来说都需要付出一些努力，这种努力来自运用我们通过死记硬背获得的信息来得出答案。在这个例子中，为了得出答案，我们首先要把 6 和 2 相加，而对我们大多数人来说，这个数字总是 8。因此，这是无觉知的。有觉知的定义是主动注意新奇事物或考虑新的替代方案，而我们在做算术题时通常不会考虑其他选择。

我不知道如何用意识计算 372+26，但这并不意味着算术不能有觉知地完成。例如，当我问"1+1 等于多少"时，人们会无意识地回答"2"；然而，他们也可以意识到这取决于加的是什么。一堆衣服加一堆衣服仍然等于一堆衣服。如果我们在一堆衣服中加了372件衣服，那么随着求和任务的继续，它应该变得更加费力，但实际求和的过程并没有加入新的东西，所以并不费力。现在，如果我们还有耐心，让我们再加26件衣服，问题的答案仍然是一堆衣服。有觉知并不是我们传统意义上的费力，费力的是无觉知地去关注某件事情，却没意识到任何新的东西。为一个你并不喜欢的人买礼物需要努力，而为一个你爱的人买东西也需要努力，但两者截然不同。前者是无觉知的，让人疲惫不堪，因为我们总是想着必须找到什么东西；后者往往是有觉知的、令人兴奋的和充满活力的。然而，我们往往将两者混为一谈。因此，我们往往忽视了有觉知的努力是多么令人振奋。

对于那些仍然认为除了堆衣服之外"1+1总是等于2"的人，可以把一朵云加上一朵云，或者把一团口香糖加上一团口香糖。

系统2的成本-效益分析也是无意识的，因为我们根据早期的条件锁定了什么是成本，什么是效益。如果换个角度看，任何成本都可以是效益。目前的情况对我们来说可能大不相同，但除非我们用心考虑，否则我们对这些不同视而不见。如果你现在重新考虑，你一直想买的完美房子可能不再适合你，曾经适合你的工作现在看起来很枯燥。

假如给你一个机会买下你朋友的避暑别墅，这可是你一直梦寐以求的。10年前，当你的朋友第一次买下它时，你曾羡慕不已，因为它临水、视野开阔。但是，这些记忆可能会影响你现在的决定，即使你认为自己已经认识到，由于没有最新的节能电器或者它很容易受到环境变化侵蚀海岸线的影响，它的价值降低了。即使你认为自己可以计算出它在当前市场上与附近其他房产相比值多少钱，可以预测自己坐在露台上会有多享受，但你无法预测或知道水温是否会升高从而破坏贝类，湖泊是否会干涸，整天大声放音乐的人会不会购买隔壁的房子。但是，如果我们无意识地忽略了大部分这些情况，而只是简单地比较了一下房子目前的价格与附近其他房子的价格，我们的系统2决策就会告诉我们买下它。因此，大多数系统2决策都是无觉知的。

无限回归

在这里，我的观点开始出现更大的分歧。就像上面的别墅一样，当人们权衡成本和效益做出决定时，潜在的相关信息是无穷无尽的，也无法知道你可以或应该考虑什么。就拿一块饼干的成本-效益分析来说吧，成本和效益都在你的脑子里，而不在饼干里，成本和效益包含了你的期望和解释。例如，饼干中的糖分可能对你的牙齿有害，但它的甜味会让你感到满足，从而产生更多的酪蛋白，这是一种存在于唾液中的酶，可以帮助我们消化淀粉，实际上对你的牙齿有益。那么你会如何决定呢？

莎士比亚在《哈姆雷特》中告诉我们，过度思考是危险的。哈姆雷特花在思考上的时间多于行动，他想为父亲报仇，但几乎整部剧都在为这个问题纠结。不仅在文学作品中，数学家和商业战略家伊戈尔·安索夫（Igor Ansoff）也向我们展示了商业决策中的同样问题。而我们中的大多数人几乎每天都会在日常生活中遇到这样的问题[3]。心理学家巴里·施瓦茨（Barry Schwartz）在一篇关于选购牛仔裤的文章中，描述了他的"分析瘫痪"（analysis paralysis）理论，该理论认为存在唯一正确的决定，只要我们足够努力就能找到它[4]。销售人员问施瓦茨想要修身、略宽松、宽松还是超宽松板型的裤子，然后她又问他对水洗的偏好：她想知道他想要石洗、酸洗还是水洗。当他不得不决定是要纽扣还是拉链门襟时，他才意识到，有选择的感觉很好，除非有太多的事情需要决定。

施瓦茨建议，与其试图做出最好的选择，我们不如采用卡内基-梅隆大学赫伯特·西蒙最早提出的一个概念：满足[5]。也就是说，做出一个足够好的选择。西蒙、施瓦茨和其他大多数人可能都认为，客观上仍然存在更好和更坏的选择，但寻找这些选择的过程代价太高，我们无法参与其中。

我不认为信息越多、时间越长、计算越多，就一定能选出越好的选项。这些信息非但不能改善我们的决策，反而会导致我们的不满和近乎崩溃的焦虑。毕竟，工作记忆的容量不是无限的，新信息可能会分散我们的注意力。

此外，一般来说，大多数人在做决定之前不会考虑很多信息。与此相关的是心理学家查克·基斯勒（Chuck Kiesler）在20世纪60年代末进行的一项研究，在这项研究中，人们被给予2~4种可选择的糖果[6]。有人可能会想，如果有更多的选择，人们就会花更多的时间来做决定。事实上，他发现情况恰恰相反：选择越多，人们选择得越快。在后来的一系列研究中，巴里·施瓦茨和他的同事发现，考虑多种选项和接受大量信息会导致幸福感、自尊、对生活的满意度和乐观程度下降，它还与抑郁、完美主义和悔恨感的增加有关。和之前基斯勒的研究一样，心理学家希娜·艾扬格（Sheena Iyengar）让人们品尝果酱，然后购买。一些参与者品尝了6种口味的果酱，而另一些参与者品尝了24种不同的果酱[7]。品尝了24种果酱的人中没有一个人选择购买其中任何一种，而品尝了6种果酱的人中有不少人购买了。艾扬格发现，关于退休储蓄等重要决策也是如此。当401k计划提供1或2种供选择基金时，参与的人数比提供多种供选择基金的人数要多得多。

同样，品牌专家马丁·林斯特龙（Martin Lindstrom）也做过这样一个实验：一家大型连锁书店的员工把店里除一张桌子以外的所有陈列桌都撤走了，这样，店里就不再陈列数百种图书，而只陈列10本书[8]，结果销售额反而增加了。所有这些例子都表明，可供选择的选项并不是越多越好。

让做出的决定正确

我们常常无意识地把世界划分为二元对立,要么有控制权,要么没有。但真正的问题是:控制什么?从谁的角度来看?

在医疗决策方面尤其如此。在绝大多数此类决策中,结果都是概率性的,充满了不确定性。你应该选择哪种治疗方法?医生通常会从潜在结果的角度来考虑各种选择。

就拿膝关节手术这个问题来说吧,这是我的朋友们经常遇到的两难选择。一方面,也许你不应该接受手术,因为伤势可能会自行缓解,而手术总是有风险的;另一方面,如果再等下去,伤势可能会恶化,需要做更大范围的手术。当然,如果推迟手术,可能会发明出更好的手术方法,但如果现在动手术,就可以恢复正常的锻炼计划,等等。如果你愿意,也可以查阅实证文献,但那通常也同样令人困惑。

那么,我们应该如何做出决定呢?首先,我们应该认识到自身的局限性,人脑并不是无所不能的超级计算机。即使人脑是超级计算机,还有一个"问题",即从不同的角度看,每一项成本也是一项效益。因此,在不确定的情况下做出决策时,信息越多、时间越长、计算越多并不是越好。事实上,考虑过多的信息可能会适得其反,导致人们对问题思虑过度而停摆。西恩·贝洛克(Sian Beilock)和托马斯·卡尔(Thomas Carr)的研究表明了这一点在教育环境中的作用[9]。如果我们对数学问题感到焦虑,我们就会考虑太多的可能性,这会消耗我们稀缺的工作记忆,使我们无法解决手头的问题。我们太焦虑想做对了,以致做错了。

以买房为例。你要考虑哪些州、城市或社区,你到底能付得起多少钱?要回答这个问题,我们可能需要知道五年后的经济状况如何,股市是增长还是萎缩,我们的工作是否仍然有保障,是否会产生意外支出,我们后续是否会结婚并需要换一套房子,我们是否想继续承担购房成本,等等。以上信息几乎不胜枚举,而且每一条信息都有其固有的不确定性和风险。

这并不意味着我们应该随意买房,或者根本不买房。相反,我主张采取一种截然不同的方法。我的经验和研究表明,与其建议进行无休止的分析,不如利用当时有限的信息,去选择一个方案。然后,与其担心这个决定是否正确,我们不如努力让它发挥作用。无论发生什么,都看看会带来什么好处,然后把它当作"正确的决定"。也就是说,不要试图做出正确的决定,而是让决定正确。在这种情况下,一旦你选好了要买的房子,你就可以"做出正确的决定",开始在你的社区进行投资:让你的孩子在当地的学校注册,挨家挨户拜访、结识邻居,加入当地的健身房,让你的新家温馨宜人——为你的新厨房找到合适的桌椅,帮助你的女儿在她的卧室设置无线网络,为你的儿子找到当地的小联盟。

医疗计划也是如此。也就是说,不要试图在参加当地的健身房还是在膝盖手术后接受物理治疗这种问题上做出正确的决定。我们永远无法确定我们的膝盖会不会自愈，坚持练习瑜伽会不会有效果，某种神奇的新药会不会很快上市；我们也永远无法确定手术是否会成功，手术可能成功，那样我们就可以在术后摆脱疼痛。无论你是否接受手术，下一步基本上都是一样的：尽你所能重获你所追求的无痛生活。有理论认为存在一个正确的答案，但太难找出它。我的观点是，没有独立于决策者的正确决定。

多年前，我与经济学家、诺贝尔奖获得者托马斯·谢林（Thomas Schelling）谈论我的决策理论。他告诉我，他在去买微波炉后得出了基本相同的结论。由于从未使用过微波炉，他根本不知道该如何使用它。他会想要一个专门用来爆爆米花或烹饪三文鱼的按钮吗，还是只用来加热咖啡？由于无法事先知道，他得出的结论是：最好的决定就是先买一个，然后再看看需要更多还是更少的功能。他没有纠结于各种选择，而是做出了一个选择，然后努力让它变成最好。不出意外的话，他将从错误中吸取教训。而我的补充是，即使他决定下一次购买功能较少的产品，因为有些功能被闲置了，那仍然是一个盲目的决定，因为他不知道他的生活会发生怎样的变化。毕竟，也许他的妻子或孩子会在朋友家学到更多关于微波炉的知识，现在就可以使用这些额外的功能了。

我的一位朋友总是拿不定主意，几乎对所有事情都模棱两可，她的经历让我明白了一些关于决策的新理念——在做任何决定时，我们可以考虑的信息量是没有自然终点的。当我们计划出去吃晚饭时，她花了很多时间来决定去哪里、点什么菜，这常常让我感到沮丧。根本问题在于我的朋友认为只有一个正确的决定，我认为这就是所有矛盾心理的原因。虽然我们不难看出，在决定选择一家餐厅（或购买哪条蓝色牛仔裤）时并没有正确的决定，但事实证明，几乎在所有情况下都是如此。重要的是，信息量或我们可以采取的替代行动的数量是没有限制的。

举个例子，想象一下，你收到了3000美元的退税。你会怎么处理这笔钱？全部存入银行？买股票？把一部分存入银行，其余部分投资，如果投资，每种投资多少钱？花掉一部分钱，剩下的存入银行，但花在什么地方，预留多少？等等。不仅选择几乎是无穷无尽的，而且这些选择中任何一种可能的、合理的利弊也是无穷无尽的。当我们考虑每种选择的后果时，我们所受到的限制仅仅是我们是否愿意和是否有足够的精力去经历这个过程并产生各种可能性。

这种决策方式是不现实的。

没有错误的决定

我从另一个角度来看待决策。我同样赞成在做决定时考虑当时可获得的信息，或者忽略这些信息，但是，一旦我们选择了一个选项，我建议我们要让它发挥作用，而不是担心这个决定是否正确。

我们可以把任何选择都当作是正确的决定，只要看它能带来什么好处。还是那句话，不要试图做出正确的决定，要让决定正确。

听起来很疯狂，对吗？为了测试这是不是一个合理的策略，我要求参加决策研讨会的学生在下一堂课之前的一周内对所有的请求都说"好"。想出去吃意大利菜吗？好啊。想看新电影吗？好啊。想在雨中散步吗？好啊。除非有人要求他们做一些他们认为错误或危险的事情，否则他们会毫不犹豫地答应。大多数学生反馈说，这一周比他们预期的要好。他们没有为任何决定而挣扎，没有任何压力。当他们犹豫不决、不知如何是好时，他们会想起我曾允许他们说"好"，事实上，这是我给他们的指令。

还有一年，我要求我的学生在一周内以任意方式做出所有决定。我让他们在做每一个决定时都使用一条与该决定无关的规则，例如，我建议他们总是选择第一个想到的备选方案或最后一个。无论这些决定是否有意义，这些学生都反馈说，基本上已经做出的决定（即简单地按照任意规则做出反应）让他们这一周的压力减少了。

第二年，我要求学生用一周的时间把每一件小事都看成一个需要做出的决定。比如，不要只是穿鞋，而是把"我是否应该穿鞋"作为一个决定，然后选择穿哪双鞋是另一个决定，选择什么时候穿鞋也是一个决定，以此类推。你可能会认为，这些学生的经历与那些事先决定好的学生完全不同，但他们中的许多人认为，这样的生活方式很有帮助，甚至有点有趣。这说明，当你有许多决定要做时，你能更好地容忍其中一些"错误"。这就好比只有一道题的考试和由100道题组成的考试之间的区别，一道题的考试让人感到压力很大。

当前关于决策的观点的问题在于，我们往往不仅会因为重要的决策而感到压力，也会因为无关紧要的决策而感到压力。我自己就曾为买牛奶糖还是士力架而苦恼。决定还是随机选择？无论决定的重要性如何，这两种策略似乎都能奏效。我们做决定也行，不做决定也行——至少我们觉得自己也可以不做决定。

决策理论中有一个标准的"谜题"，涉及无关的备选方案，它说明了我们通常实际做出决策的方式。如果你去一家大卖场，你会发现他们出售的一台巨大而昂贵的电视机很少有人购买。但是，这台电视机的存在却让人们认为第二贵的电视机很便宜。对这一现象的分析大多得出这样的结论：人们受到无关选项的影响而失去理性，并隐含地认为有一个正确的决定。然而，这些研究人员没有跟踪人们回家的情况。一旦电视进了家门，无关选项就不复存在了。这时人们会"幡然醒悟"，把电视还回去吗？不，重要的是他们做出了正确的决定，他们享受购买的乐趣。如果他们去了另一家商店，那里没有提供无关紧要的昂贵替代品，他们可能会购买另一台电视机，然后也会对自己的决定感到满意。也就是说，他们的决定是正确的。

当决定很重要时

身居要职的人难道不需要进行成本-效益分析,以做出公正公平的决定吗?本·古里安大学商学院的沙依·丹齐格(Shai Danziger)及其同事对司法决策进行了一项有趣的研究[10]。他们将假释决定与法官的进食休息时间联系起来进行研究。在进食休息之前,有利的裁决会从65%下降到零,而在进食休息之后,又会回升到65%。这些发现起初很有趣,但考虑到这对法官做出判决的影响,它们变得令人恐惧。我们假定司法判决是基于大量的法律知识和先例,而他们的发现却相反,经验丰富的法官做出的判决反而受法官"早餐吃了什么"的影响最大。

心理学家很有说服力地指出,推理可能会导致错误的决定,这种情况并不少见,人们常自相矛盾。他们认为,我们在做决定时,会选择最容易自圆其说的方案,而不是去寻找更好的答案。此外,很多时候,我们更在意的是不要让自己看起来愚蠢,而不是选择最好的替代方案。其实,这也没什么不好,因为没有客观上正确的决定。

在维尔京群岛,当我不得不决定是上吉普车还是等一辆可能永远不会来的公共汽车时,我既没有进行成本-效益分析,也没有担心如何向别人证明我的决定是正确的。我只知道我害怕继续等待,所以我上了吉普车。有些最好的决定是在没有任何理由的情况下做出的。事实上，在紧急情况下，人们并不会有任何理由。紧急情况的本质就是没有时间去精心寻找替代方案、进行成本-效益分析等。尽管如此，决定还是要做的，行动还是要采取的。

消费者的行为也说明了这一点。许多买家在3秒钟内就会决定购买。事实上，当我在一家餐厅打开菜单看到有软壳蟹时，我可能会在2秒钟内做出决定。然而，有些人在做决定时似乎无法跨越目标线，无论是买哪件外套还是吃什么。第一种快速决定者没有花足够的时间进行成本-效益分析，而"无法做决定"组则即使进行了计算，似乎也无济于事。

看起来，尽管人们可能认为他们应该尽可能多地查看信息，但通常不会这样做。即使是那些主要从事决策工作的人也是如此。艾扬格发现，首席执行官做出50%的决策所需的时间不到9分钟。因此，他们通常不太可能进行广泛的成本-效益分析。

一旦做出决定，我们就永远无法确定如果保留另一种选择会发生什么。想想拉斯维加斯金沙赌场、皇家加勒比游轮公司和美光科技公司。这些企业在取得多年的成功后，在两年内分别亏损超过10亿美元。你可能会说，为了避免进一步亏损，它们在第一年后就宣布退出也是合理的。但这几家公司都决定继续经营，并取得了可观的增长。我并不是主张我们永远不要改变方向，我是说，我们无法知道一个决定是否或曾经是否一定比另一个决定更好，我们无法知道不走的路会是怎样的。它可能更好，也可能更糟，或者根本没有什么不同。

心理学家还认为，决策的后果要么是好的，要么是坏的。前景理论的重要研究表明，对许多人来说，损失带来的伤害大于收益带来的快乐，而决策的框架会影响他们做出选择的方式[11]。例如，当手术被描述为有90%的成功可能性时，人们可能会决定接受手术，但如果手术被描述为有10%的不成功可能性时，人们可能会避免手术。虽然客观上这两种选择是一样的，但它们所引发的情绪却截然不同。

神经生物学家安东尼奥·达马西奥（Antonio Damasio）在这一领域注意到情绪对我们决策的影响。自柏拉图以来，人们一直认为我们需要控制激情[12]。在达马西奥看来，我们的情绪并不会影响我们的决策，相反，情绪对于决策至关重要。因为情绪会将事物标记为好、坏或中性，而且我们会不自觉地建立起对这些情绪的记忆，当我们需要做出决策时，它们就能为我们提供帮助。

达马西奥之所以得出这一观点，主要是因为他与病人打交道的经验。参与决策的眶额皮质发生病变的患者无法做出决定。他们在进行成本-效益分析时没有问题，每当他们发现一项成本时，他们也会认识到一项新的收益。但达马西奥发现，他的病人缺少情绪记忆，而情绪记忆会让人们对某个决定产生好、坏或无所谓的感觉并帮助他们做出选择，因此他们可能会为一个最简单的决定花费数小时的时间。

达马西奥和其他决策理论家或明或暗地将后果的好坏或无所谓视为既定事实，而我的立场与他们截然不同。尽管他们都承认，对一个人好的东西未必对另一个人好，所有坏的选择中可能都有一些好的东西，反之亦然，但他们都依赖于能够将任何给定的结果定义为本质上的好或坏。对我来说，并不是说某件事情有6个不好的方面和3个好的方面，本质上它就是坏的。我的推理告诉我，每一个方面都同时具有好坏之分，这取决于我们如何定义它。如果我问："你想和我的朋友约翰约会吗？他做事反复无常、经常改变主意。"你可能会说"不"，为什么？如果我反过来问你："你想不想见见我的朋友约翰？他的头脑非常灵活。"你可能会说"想"。然而，"反复无常"和"头脑灵活"是对同一事物的两种描述方式。

概率的不可靠

正如我在第2章中提到的，"如果我做x，y就会发生"的过程可以有无数种解释。概率取决于我们理解事物的特定方式——改变理解，概率就会改变。如果我和某人调情，我的配偶很可能会生气，这似乎是显而易见的。但什么是"调情"？什么是"生气"？

评估过去的决定也可以无限期地进行下去。当我们回顾自己的决定时，我们可以认为它们是成功的，也可以认为是失败的，这取决于我们调用了哪些信息来考虑。幸好我们没有去那家新餐厅，因为我肯定会吃得太多；不去那家新餐厅也太糟糕了，因为那本来会是一次美妙的经历。我们可以证明我们选择的任何判断都是正确的。你让我为你做一件事：在我看来你是一个需要帮助的人，所以我可能会答应；在我看来你是一个专横的人，所以我可能会拒绝。因为我们可以改变任何事情发生的意义，所以我们中的大多数人都可以为自己的决定辩解。但可悲的是，我们中的一些人却在寻找自己是如何做出错误决定的。无论哪种情况，我们都可以向自己证明没有正确的决定等着我们去做。

当然，有些决定比其他决定对我们的生活影响更大，决定看哪部电影与决定做哪份工作、与谁结婚或是否做手术是不同的。尽管严重程度不同，但决策过程几乎是一样的。从理论上讲，我们可以考虑大量的后果，而每一种后果都可以被视为积极或消极的。我们发现的每一种新的可能性都可能改变我们的决定，而且没有任何规则告诉我们应该首先考虑多少信息。比方说，所有可用的信息都表明你应该购买某栋房子，但你却发现一条新闻，说一个街区外正在修建一条高速公路，你决定不买这栋房子。然后，你又发现该市计划为该街区的房屋支付高额费用，于是你又改变了主意。可以收集到的潜在相关信息没有自然的终点。

此外，如果每个积极因素都可以被视为消极因素，那么将它们相加就像成本-效益分析一样，并不能告诉我们应该做出怎样的决定（一个收益减去一个成本等于零）。

让我们仔细研究一下赫伯特·西蒙所说的"满意决策",这是一种很好的决策方法[13]。他认为,只需使用足够的信息就能做出决策,而不必担心所有潜在的信息。但是,即使我们只考虑足够的数据点来做出明智的决策,这种策略仍然意味着决策有好坏之分,而信息越多越好。我不这么认为,考虑一下关于服用维生素的决策。假设我们咨询了10个人,他们都说服用维生素很重要,这就是100%的说服力。如果我们问100个人,他们都同意,那就更有说服力了,因为信息量是原来的10倍。但我们不知道,如果我们再问100人或1000人,他们是否会说同样的话。此外,每一条新信息都有可能改变我们的想法。试想一下,我们询问的第101个人说,他的配偶服用维生素时并不知道自己对维生素过敏,并因此产生了严重的不良反应。

此外,如果我们仔细观察每一条信息,就会发现它们背后存在着许多差异。如果有100个人说他们服用维生素的体验很好,那么:有多少人是每天服用,还是偶尔服用一次;有多少人是在掩盖真相;有多少人相信维生素是一种安慰剂,能给他们带来好的体验;他们所说的好的体验到底是什么意思?

与健康有关的决定会让人感觉特别焦虑,因为我们希望有确定性。一位医生告诉我的朋友朱迪,他发现她的身体里有一个肿块,可能是乳腺癌。医生建议她做肿块切除手术,说这样可以减轻她的担忧。虽然她安排了手术,但她也决定再征求一下其他医生的意见。

第二位医生问朱迪是不是阿什肯纳兹犹太人，因为这种血统的人有乳腺癌遗传倾向。当她说是时，医生建议她进行基因检测，但又补充说，如果检测结果显示她有乳腺癌基因，除非朱迪准备考虑进行双乳切除术，否则进行基因检测没有任何意义。朱迪告诉我，她当时"吓坏了"，因为医生问她是否愿意在确诊之前就考虑进行双乳切除术。当时，她完全不知所措，并征求我的意见。

我说，如果这种情况发生在我身上，既然他们一开始就不确定是癌症，我可能什么都不会做，每隔几个月就去化验一下肿块。而且，即使我有遗传基因，我也肯定不会做双乳切除术，因为患乳腺癌的可能性只是更大，而不是必然。但这并不意味着她不应该这样做。这取决于她应对潜在压力的能力强弱。事实证明，对她来说，不知道组织是否癌变的压力才是最重要的。她不想再等待更多的乳房X光检查，决定首先进行肿块切除术。但后来她发现医生把手术安排在了下周——犹太节日期间。我大声问她，既然她还不知道肿块是不是癌症，是否可以推迟一个月再做手术？她松了一口气，给医生回了电话，医生向她保证手术不着急，没有必须尽快解决的危险，她可以过一段时间做肿块切除手术。压力消除后，她开始享受假期。

随后，她接受了肿块切除术，幸运的是，肿瘤被证明是良性的。在压力和紧张消除之后，她就不再需要进行基因检测了。

这样的决定正确吗？对她来说，接受基因检测以及事先同意接受双乳切除术的压力，让她焦虑得无法清晰思考。最终，她顶住了压力，并听从了我的提醒，即她甚至不知道肿块是不是癌症，这让她能够暂停下来，重新调整自己的选择，慢慢地往下走。对她来说，允许自己慢慢前进是一个正确的决定。几个月后，谈起她的经历时她并不感到后悔。

人为什么会后悔？

如果没有错误的决定，还会有遗憾吗？多年前，我做过一个实验，其中就有这个问题[14]。当参与者来到实验室进行研究时，我们告诉他们我们要迟到了，并要求他们在前厅等待，只有当他们看到墙上的灯闪烁绿光时才能来到实验室。在等待期间，我们建议他们以不同的方式打发时间。第一组被告知我们有《宋飞正传》供他们观看，第二组被告知要思考他们的感受，第三组被故意安排观看无聊的视频，最后一组只被要求等待。20分钟后，一名实验者回到前厅，解释说其他参与者已经来到了实验室，并且赢了很多钱，"乔赢了150美元，苏珊赢了175美元"。实验者接着问，为什么那些等待的人没有来到房间。"灯一直没有闪绿光！"每个人都兴奋地解释道。然后，我们问他们错过赢钱机会的感受。结果发现，只要一个人把时间花得恰到好处——欣赏《宋飞正传》或用心思考——他们对已失去的机会持积极态度，没有表示遗憾。但其他人呢？他们感到愤怒和悔恨，他们可能既没有在实验中赚到钱，还遭受了尴尬或其他负面影响。

对一个决定的后悔是建立在一个错误的假设之上的，即没有做出的选择会产生更积极的后果。"这份工作太糟糕了，我应该去另一家公司""这里的食物太难吃了，我应该去另一家餐厅"。但我们都知道还有另一种可能，那就是另一家公司或餐厅可能更糟糕。奇怪的是，那些后悔做出决定的人往往正是那些认为情况可能变得更糟的人。如果情况可能变得更糟，那么后悔自己的选择又有什么意义呢？我们对没有选择的选项的体验永远是不可知的。一旦我们采取了行动，我们就不同了，我们无法评估本可以采取的其他行动会给我们带来什么样的感受。

在我看来，做出决定之后，无论发生什么都会有好处。回顾第2章中描述的那场大火，我对人们的善意记忆犹新。即使是决定在维尔京群岛坐上吉普车，也让我有话可说、有文可写，并帮助我发展了我的决策理论。

没有正确的决定

认为只有一个决定是正确的这种无意识的想法不仅会造成压力，还会损害自尊。我们会用"为什么我这么笨？""为什么我不能做出更好的决定？"来否定自己，其结果是，我们中的很多人把生活的控制权交给了别人，交给了所谓的或自封的"专家"，他们似乎比我们更懂得如何做决定。如果专家没有考虑到我们的最大利益，这可能是危险的。我对决策的看法是，我们要对自己的行为负责，而不是依赖他人为我们做出"正确的决定"。

我们越是相信有正确的决定，就越难做出决定。反馈往往是稀缺的，可比较的反馈往往难以得到。即使并非如此，也必须对反馈进行解释，而不同的解释可能会导致不同的决定。你应该结婚吗？去年/上个月/昨天那个人似乎很适合你。这个人的哪方面行为吸引人或令人讨厌？他是很容易相信别人还是很容易受骗？如果我觉得他值得信任，那就是优点；如果我觉得他容易受骗，那就是缺点。

有时我们无法做出决定，那是因为对我们来说，备选方案并没有太大的不同。如果它们看起来是一样的，那么我们选择什么并不重要；如果选项看起来不同，意味着我们有偏好，我们就应该直接选择它，无须计算。但假设你仍然想经历一个决定的过程：你必须在A和B之间做出一个选择。于是，你开始收集有关备选方案的信息，使它们看起来有所不同。如果你发现A是去巴黎的免费旅行，而B是去市中心的免费旅行，你可能就会有一个明确的偏好，也就不需要做决定了。

在我看来，决策其实就是收集信息，直到我们得出一个偏好。

大多数人认为，当他们收集信息时，信息会告诉他们该如何选择，但如果我们继续搜索，每一条新信息都可能改变我们的偏好。假设巴黎刚刚发生了恐怖袭击，你可能会选择不去那里。然后你会发现，在接下来的10年里，你可以在任何月份或年份去旅行，以此类推。在不断地获得新信息之后，我们常常会感到压力，觉得自己应该已经知道该如何选择了！但我们真的无法知道。决策总是在不确定的情况下做出的，无论我们如何努力，都无法消除这种不确定性。

即使是在涉及严重的医疗决定时，例如我们对临终关怀的偏好，情况也是如此。在重病发生之前，我们基本上是在不知情的情况下做出决定的。我们以为自己会知道自己想要什么，但一旦真的要做出选择，人们往往会改变主意，决定即使痛苦也要继续活下去。

我同意达马西奥博士的观点，即我们的情绪会影响我们的感知和我们选择考虑的信息。但我认为有必要补充的是，情绪往往也决定了我们首先认为哪些信息是相关的。也就是说，就像我决定在哪里开始我的学术生涯一样，收集到的信息往往是在已经做出决定之后。我想去纽约，于是我收集信息，使之成为最适合我的选择。

猜测、预测、选择和决策

如果决策不需要精心推理，甚至不需要收集信息，那么猜测、预测、选择和决策之间有什么区别呢?我们都知道,我们猜测是因为我们不知道结果会是什么。同样,我们做出预测是因为我们不知道可能会发生什么。做出选择也不例外。如果没有疑问,就不会有选择。决策与上述每种情况都是一样的。在每种情况下,都有一些备选方案需要考虑,而没有预先确定需要考虑的后果数量。在所有情况下,每种后果都可以合理地理解为积极的或消极的。当需要做出决定时,就存在不确定性。没有不确定性,就没有必要做出决定。如果你掷一枚有偏差的硬币,而你知道它总是正面朝上,那么你就会选择正面;如果你确定手术会成功,你就会选择手术,而无须进一步收集信息。

在我看来,猜测、预测、选择和决策之间的区别在于我们对结果的重视程度,而不是过程的不同。如果说"我猜我会做手术"或"我是根据抛硬币的结果来决定的",这听起来多么奇怪。然而,无论我们收集多少信息,我们都无法确定手术是否会成功,我们也无法知道做与不做手术的所有潜在后果,因此,我们对手术成功的信念实际上不过是一种猜测。了解了这一点,我们在做出健康决定时可能会更容易一些。然而,由于结果可能会改变生活,我们需要收集信息来帮助我们应对这些结果。

如果结果并不重要,我们就不必在事后为自己的决定辩解,但选择什么重要、什么微不足道,非常个人化。无觉知地做决定会增加压力,优柔寡断、后悔会降低控制感,导致不良的健康后果。如前所述，从行为者的角度来看，控制幻觉并不是幻觉。那么，具有讽刺意味的是，即使在偶然的情况下，觉知下的决策也可能对我们的健康有益。

我曾说过，决策和猜测都是在同等不确定的情况下做出的。决定是否接受治疗与猜测是否接受治疗是一样的吗？很显然"不是"。如果我们决定一种医疗方法，我们就会注意到有关选择的新情况，而这种注意本身对我们的健康是有益的。因此，花时间在两种健康选择之间做出决定，应该比仅仅因猜测而接受其中一种治疗方法更有益于我们的健康。但是，错误地接受"决策是一种客观的追求"这一观点，即使在医疗环境中也是如此，这肯定不是我们参与医疗保健的唯一方式，也不是最好的方式。

让我们回到控制幻觉研究。我们知道，一般来说，我们花在决策上的时间比花在猜测上的时间要多。与猜测相比，我们对备选方案的了解更多，对决策的控制能力也更强。事实上，在控制幻觉研究中，我们发现彩票的价值取决于彩票所有者是否被鼓励多次考虑这张彩票。最根本的一点是，我们在某件事情上投入的精力和心思越多，我们就越觉得自己有控制权。

我们对某件事关注得越多，就越觉得自己能够掌控一切，而且我们在做决定时比在猜测时关注得更多。从行为经济学的角度来看，这似乎是非理性的。我决定接受的治疗和我随机选择的治疗在客观上可能是相同的，但在心理上却截然不同。同样，我们花越多的钱买药，我们就会恢复得越快，这似乎也不合理，因为在这两种情况下，药片是一样的，但研究表明，我们确实恢复得更快。

有时，我们的决定在别人看来是不合理的：当我们的价值观和我们的选择与别人不同时；当我们的偏好发生变化时；当选择看起来不同时；当背景不同时，比如引入一个无关紧要的替代方案时。但所有这些评价都取决于对正确决定的假定。对此，我要说："这是谁说的？"一旦我们意识到所有决策的主观性，放弃客观概率和对错的想法，压力、遗憾和对决策技巧的负面情绪就不会成为问题。

第 5 章
提升觉知水平

"治愈是时间问题,但有时也是机遇问题。"

——希波克拉底

我们中的许多人每天都在进行社会比较,寻找自己比别人好或差的地方。我现在比她瘦,她看起来比我年轻多了;你买到了百老汇演出的好票,而我却只能待在家里;我真不敢相信你比我有钱;我的厨艺比他好得多。我不止一次看到,对一个人的赞美会让和他在一起的人觉得受到了侮辱。在进行这些社交比较的过程中,久而久之,我们会让自己感到痛苦,不愿参加新的活动,生怕自己做得不够好。有趣的是,无论我们是向下比较(我们更好)还是向上比较(他们更好),频繁的社会比较都会产生负面影响。那些认为自己更好的人,会在社会比较的某个阶段,认为自己更差。我和我的实验室成员朱迪斯·怀特(Judith White)、利阿特·亚里夫(Leeat Yariv)、约翰尼·韦尔奇(Johnny Welch)进行的研究发现,频繁的社会比较与许多破坏性情绪和行为有关[1]。经常进行社会比较的人更容易产生嫉妒、内疚、后悔、防御心理，也更容易撒谎、责怪他人和产生无法满足的渴望。我认为，最重要的是，进行社会比较往往会导致压力，有时还会导致抑郁。因此，它对我们的健康有着非常不利的影响。

著名社会心理学家利昂·费斯廷格（Leon Festinger）认为，我们有进行这些比较的驱动力，这表明我们别无选择[2]。我坚决不同意这种观点。在许多活动中，人们不会进行评价性的社会比较。例如，我们中的大多数人可能从未想过自己在刷牙方面比别人强还是差。无论如何，不进行评价性社会比较是有充分理由的。通常情况下——而且是在不知不觉中——当我们这样做的时候，我们是无意识的，假定人们对自己的行为有一个单一的理解。他们是想做得好还是真的不在乎？他们的行为是典型的，还是你看到的只是一个例外？评价标准是评判他们表现的唯一方法吗？

可以理解的是，当我们遇到一种新现象、一种意想不到的行为，或者试图理解他人时，我们会寻求对它的解释和说明。在无意识的情况下，我们往往会得出第一个结论；而在有意识的情况下，我们能够想象出多种解释和观点，并将它们作为可能性牢记在心，而不会决定哪一个是最好的。

当我还是一名研究生时，我曾听过耶鲁大学社会心理学教授比尔·麦奎尔（Bill McGuire）的一次讲座。他最著名的可能是关于说服的研究，但在理解心理学家如何在解释行为时出错方面，他也很有见地[3]。他指出，有时人们做出相同的行为，但出于不同的原因；有时他们看起来一样，但实际上大相径庭。他举了这样一个例子：有人不读《纽约客》，有人读《纽约客》，还有人不再读《纽约客》。第一类人和第三类人看起来是一样的，他们都不看《纽约客》，但他们是截然不同的人，我们的研究应该把他们区分开来。当然，我们还可以把另一组重新开始阅读杂志的人也包括进来，这样也能说明同样的问题。现在，第二组和第四组看起来是一样的，这很容易让人产生误解。

对我来说，这种思维方式远远超出了那些研究行为学的人。我认为这几乎是我们所有人的共同特点。我接着想了很多我认为是1-2-3级思维的例子。一位妇女在经过三个人身边时掉了拐杖。甲没有帮她，因为他不是一个好人；乙试图帮助她，因为他重视善意和帮助；丙没有帮她，因为他知道如果她自己把拐杖捡起来，变得更加自立，她最终会感觉更好。从乙的角度来看，甲和丙似乎都是无情无义的旁观者。但事实上，他们的动机几乎完全相反。

大多数时候，当人们想要解释某件事情时，他们会无觉知地找到一个单一的解释，然后停止寻找。我们已经成功地对成人和儿童进行了研究，通过让他们为单一事件或行为提出几种解释来提高他们的觉知能力。

例如，你看到一个人从收银机里取钱。他为什么要这么做？他可能是小偷；他可能是收银员，正在找零；他可能是店主，正在提取当天的收入；他可能是修理收银机的修理工；他可能是审计员，正在进行抽查。

关键是我们不知道。关注我们的解释、注意新事物，有助于我们意识到我们对世界的体验中固有的不确定性。我们可以给电脑编程，让它不断注意到新事物，比如进行运动探测，但这显然不会让电脑拥有意识。当一个人有了思想，他就会开始意识到有些事情他并不知道或知道得不正确。

1-2-3级思维为我们提供了一种方法，通过运用多种视角来改变限制我们的思维方式。它给我们的解释的觉知程度排出了等级。第1级是我们天真地看待事物并知道我们不知道的状态；第2级描述了我们认为自己的行为是理性的，通常我们对自己的理解很确定；第3级是我们运用多角度思考的状态。一旦我们发现任何事情都可以有多种解释，我们就会认识到并接受内在的不确定性。意识到这些思维层次的存在，是帮助我们发现新的、有觉知的自己和他人行为的第一步。对于任何可能的解释，我们都要问：还有哪些其他的解释可能存在？

我并不是说1-2-3级是一种循序渐进的策略。并不是说你从1级开始，然后到2级，然后再到3级，你就能心领神会了。相反，它更像是对人们如何处理特定情况的一种衡量或描述。第2级思维基本上是无意识的。在这个层次上，人们认为自己知道。万事万物都在不断变化,从不同的角度看万事万物都是不同的,因此这种绝对的了解只是一种幻觉。鉴于此,他们经常出错,却很少有疑问。然而,一旦我们承认任何行为都可能有几种同样好的解释,我们也许就能超越第2级思维,进入第3级思维,变得更有觉知能力。这样做,不仅能改善我们的人际关系,因为我们对他人行为的意义有了更细致入微的解释。更重要的是,我们从四十多年的研究中得知,觉知从字面上和形象上来说都能让人充满活力。也就是说,既然第3级思维是觉知,那么它就对我们的健康有益。

我最讨厌的一点就是拥有第2级思维的人对新发明或任何进步的反应方式。在第2级思维中,人们可能会认为进步是突如其来的:一旦有了突破,就会认为至少在一段时间内是这样了。我的观点有些不同,我认为更多的进步总是可以实现的。

请看芝诺关于距离的悖论[4]。芝诺假设,如果你总是从你所在的地方向你想去的地方移动一半的距离,你永远也到不了那里。如果你想去到的距离只有一米,那么你的移动距离就会是半米,然后是四分之一米。以此类推,距离越来越小——但无论多么小,总是有一段距离。

面对芝诺悖论的第1级观点是忽略逻辑,只凭感觉:显然,我们总能到达我们想去的地方。

第2级观点接受逻辑论证,并试图解决问题。

第3级观点可能会接受逻辑论证的真实性,但会从另一个角度来看待这个问题,即如果我们继续把目标分成两半,那么总有一步是我们可以达到的。比如节食,如果你认为自己无法停止吃整盒饼干,那就记住芝诺的观点,留下半盒。如果你不能留下一半,那就留下四分之一,以此类推。每个人至少都能少吃一块饼干,这就给了我们一个新的起点,让我们重新开始练习。每当我们发现自己可以做到原来认为做不到的事情时,我们就会对什么是可能有了新的认识。

或者考虑一下自由意志。假设我要选择乘坐A列火车还是D列火车回家。经过对自由意志的轻微锻炼和深思熟虑后,我主动选择了D列火车,并安全到家。后来,我才知道A列火车一直处于停运状态,所以无论如何我都不得不乘坐D列火车。在选择D列火车时,我有自由意志吗?

第1级和第3级思维者都会说"有",而第2级思维者会说"没有",但第1级和第3级思维者说"有"的理由是不同的。第1级思维者可能会说"好吧,我考虑过了,我做出了选择。谁会在乎是否有其他选择呢?选择才是最重要的",或者更有可能的是,第1级思维者可能会简单地宣布他们确实拥有自由意志。第2级思维者会说,在这种情况下,自由意志只是一种幻觉,因为它不可能改变我最终乘坐的火车。第3级思维者可能会扩大选择范围,而不仅仅是搭乘A或D列火车,他们会想我还能怎么回家呢?选择的范围远远不止A或D列火车,我可以步行,可以乘坐出租车或公交车,我还可以租一辆车，我可以选择去别的地方或者在地铁站过夜，我也可以勉强搭乘D列火车。

正如我们所看到的，事件并没有被赋予价值，事情只是我们对它们的理解。使用第3级思维意味着我知道我有很多选择，这让我更有力量。因此，自由意志并非幻觉。

在日常生活中，我们每个人都可以运用1-2-3级思维。当我们看到一个十几岁的孩子无拘无束地行动，比如在超市里大声唱歌时，也许我们会认为他们还没有学会现行的社会规范。当我们看到一个成年人的行为与青少年如出一辙时，我们需要问一问，他是否过于幼稚不羁，还是知道规则却选择无视规则？与其说他是孩子气的无拘无束，不如说他是成熟的不羁。

老年人被误解的情况并不少见。孩子们可能一直想吃冰激凌，但成年人知道吃太多糖对身体不好，而95岁的老人应该能够自己做决定。我们也许应该限制止痛药的用量，因为可能会上瘾，但我们是否应该限制98岁疼痛患者的吗啡用量？

此外，当我们评价一个人的行为方式"不好"时，我们应该小心谨慎，因为至少在某些情况下（至少对他们而言），可能有多种解释说明为什么这种行为方式实际上是"好"的。此外，如果你做某事是出于一个原因，而我做某事是出于另一个原因，那么社会比较又有什么意义呢？我不吃比萨是因为我对西红柿过敏，而你不吃比萨是因为你想减肥，难道我们中的一个比另一个更好吗？

没有"试一试"

从规范第 2 级观点来看,认识到同样的行为可以用一种看似低级(第 1 级)或高级(第 3 级)的方式来理解,这对个人和人际关系都很重要。

假设有 3 个学生在写一篇论文。第 1 个学生并不努力,只是走走过场;第 2 个学生在努力,你可以看到他(她)付出了巨大的努力;第 3 个学生和第 1 个学生一样,根本没有拼命,因为他或她只是在做,而不是在"努力"。

乍一看,第 1 和第 3 个学生都显得漫不经心,原因却完全不同。不费吹灰之力地做一件事,往往会让人觉得你不是不费吹灰之力,而是根本没有足够努力。在这两种情况下,旁观者可能会抱怨你根本没有努力,因为即使动机不同,行为看起来也是一样的。

当然,尝试总比放弃或走过场要好,但更好的做法是去做。你不会让孩子"尝试"吃冰激凌。

当别人告诉你"试一试",或者你告诉自己"试一试"时,你就默认了失败的可能性。当你"只管去做"时,你关注的是过程而不是结果。尤达说得好:"要么做,要么不做。没有试一试。"

实验室成员克里斯·尼科尔斯(Kris Nichols)和我目前正在研究学生对"尝试"做某事与单纯"做"某事的要求有何反应[5]。如果你告诉学生"试着做"一些难题,他们的成绩往往会比你简单地告诉他们"做"测试题要差。例如,在一项针对哈佛大学本科生的研究中,我们调查了将一项任务设定为"尝试"或"做"的效果。我们假设,当人们围绕"尝试"这个词进行努力时,他们就会为自己可能会失败做好准备,并因此在任务中表现得更差。我们预测,当人们以"做"作为主动动词来设定任务时,他们会更加专注于手头的任务,表现也会更好。

在这项研究中,92 名参与者回答了法律入学考试中的 7 道问题,这些问题用于测量逻辑和语言推理能力。在考试前不久,参与者被指示"做"或"尝试"测试。数据证实了我们的主要假设——被告知"做测试"的参与者比被告知"尝试做测试"的参与者(平均做对 3 道)回答正确的题目要多得多(在我们给出的 7 道题目中,平均做对 4.52 道)。

也许你对"希望做成某事"这个想法感到疑惑。事实证明,希望与尝试并无不同。初看起来,它是积极的。充满希望肯定比毫无希望要好,但如果用"1-2-3 级"来比喻,还有第 3 种更好的方法:去做。希望既带着怀疑的种子,也带着随之而来的压力。比如,当我们醒来走到厨房想喝咖啡时,我们并不是"希望"能喝到一杯咖啡,这样做会埋下怀疑是否能喝到咖啡的种子。不,我们是去厨房喝咖啡,我们的行动——做这件事——假定它就在那里。

理解，而非责备与宽恕

如果你曾不小心踩到狗的脚，你可能会惊讶于动物会如此迅速地让你感觉好些。它们没有犹豫、没有责备、没有愤怒，有的只是立即和解。被你踩到脚的人的反应范围往往不包括和解，而是愤怒、恼怒、推搡，甚至可能是几十年的积怨。

狗是有道理的。宽恕比记仇更好，这是一种更高尚的思考方式，但还有更好的办法。请记住，如果不先责备就无法原谅。几乎所有的社会和宗教都认为宽恕是一件好事，同样，责备也被普遍认为是一件坏事。然而，两者缺一不可。每一个宽恕者也必须是一个责备者。

情况变得更糟了。我们会因为什么责怪别人，好结果还是坏结果？我们往往只责怪坏结果。但是，上天并没有在结果上贴上便条，说明结果是好是坏。对事件的分类和看法取决于我们自己。那么，最终谁会原谅别人呢？那些先对世界持负面看法，然后指责，最后宽恕的人？很难说他们是神圣的。

宽恕比责备好，但还有比这更好的第 3 级方法：理解。当你站在别人的角度去理解他的行为时，就没有必要去责备，也就没有什么需要原谅的了。

你邀请一对夫妇在 7 点钟共进晚餐，但他们直到 8 点钟才出现。我们的一个选择是把他们的迟到看作对我们的时间价值和晚餐准备工作的不尊重，我们会花一个小时的时间去纠结和责备。然后，当他们到达时，我们给他们一个傲慢的眼神，然后等待。我们等着他们匍匐在地，评判他们道歉的诚意。停顿片刻后，我们宽宏大量地原谅他们。我们的夜晚过得愉快吗？

我们还有另一种选择。假设我们能打消对他们行踪的无谓担忧或对饭菜煮得太烂的焦虑，当他们7点钟还没到时，我们可以把它看作他们送给我们的一份礼物：我们可以回一些一直拖延的电话，继续看我们一直在看的节目或连续剧，我们可以画画、上网、看书或打个盹儿。当他们到来时，我们可以感谢他们。我们多久没找到过一个小时的空闲时间了？没有消极，没有责备，也没有什么需要原谅。

当你采取更好的理解方式时，你就会开始意识到，一个人行为的每一个消极方面也都是积极的。正如第3章所讨论的，一个总是迟到的人可能被认为是不可靠的，但他们也可能被认为是灵活的；一个容易受骗的人也是值得信任的；一个大大咧咧的人也是严肃认真的。事实上，每一个消极评价都有一个同样有力但价值相反的选择。

当你用心去理解一个人的时候，就不需要责备。你可以欣赏朋友的随性，并为之感到高兴，还可以期待听到今天有什么最新的冒险让他们一小时都不能出门。事实上，每当我们做出评论时，我们就会对更好的方式视而不见。一旦我们意识到，从行为者的角度来看，一个动作是有意义的，否则他就不会这么做，那么消极评价往往就会消失。与其因为我容易受骗而不喜欢我，也许你也可以因为我容易信任他人而欣赏我；从行为者的角度来看，不一致就是灵活，冲动就是自发，大大咧咧就是随性，心不在焉就是被其他事情吸引，懒惰就是动力不足。

我想起多年前我姐姐的朋友在小学教书时的一次经历。她班上有两个同学是兄弟，他们从来没有在同一天上过学。起初，她觉得他们非常不尊重自己，这是对他们缺席的第1级解释。然后，她决定接受这种不尊重，这是第2级。最后，她发现他们只有一双鞋可以穿，于是她明白自己没有必要通过对比做出消极评价。

心智推理也可应用于孤独。封锁和隔离带来的一线希望可能是，许多人独立发现了关于社会隔离的第3级思维方式。在新冠大流行之前，第1级思维的人群是孤独的；第2级思维的人群则与人交往，与人打成一片；第3级思维的人则是孤独而满足的。许多活动，如写作、绘画或玩单人电子游戏，一个人进行会更好。我们可能会认为我们需要治愈孤独的方法，但我们真正需要的是让自己积极参与的方法。

1-2-3级的思维也与我们如何将工作与生活结合起来有关。关于工作与生活平衡重要性的讨论意味着预设了一个前提，即我们必然是不同的人，这取决于我们是否认为在工作中承受压力，而在家里与家人一起才是放松。

我认为，追求工作与生活的平衡是不必要的限制。在第1级，人们只顾工作而忽略了生活的其他部分，往往认为自己最终会享受到生活的乐趣；在第2级，人们意识到工作之外的生活的重要性，并努力平衡两者；在第3级，人们将工作和生活融为一体，认识到"生活"所提供的很多东西都可以在工作中获得，即使是许多人认为琐碎的工作也是如此。

我去拜访一位朋友，他住在纽约市非常豪华的博物馆大厦。虽然现在已经不需要电梯操作员了，但这栋楼里还是有一个。我想操作电梯对他来说一定很无聊，然后他对我的假设提出了质疑。他自己玩起了游戏：猜测电梯需要多长时间才能到达我们的目的地（是33楼）。他没有转头看着电梯上升时亮起的数字，而是看着远处，猜测到达我的目的地需要多长时间。当他回头看显示屏时，我们正到达30楼。

有了第3级方法，我们的判断需要就会降低。在第1级，你还不太了解，无法做出判断；在第2级，你会做出判断；到了第3级，你就不会再做出判断了。评价性的社会比较不再有任何意义。当我们变得不那么挑剔时，我们的人际关系也会得到改善，而社会心理学家的研究也表明，社会支持对我们的健康有益。

我们通常无法知道一个人处于第1级还是第3级，因为二者很像。当你的狗在你踩到它的爪子后与你"和解"时，它是否天真地无法理解责备和宽恕的概念？当然，我们不知道狗在想什么，但是如果我们假设它的反应是第 3 级的，即它认为这是一次意外，没有什么好原谅的，那么我们甚至可以从它身上学到东西，无论"原谅"是第 1 级还是第 3 级，我们都可以成长。

因此，如果某人处于第 1 级，而我们却把他视为第 3 级，首先，我们可能会接受一种更好的理解行为的方式，认识到一个更高级的替代方案。其次，我们可能会改善与这个人的关系。最后，我们可能会更友善地对待他们，这反过来又会提升他们的行为。此外，当我们不再无意识地评判他人时，我们就不太可能继续评判自己。

有意义还是无意义？

这种 1-2-3 级思维方式最重要的应用之一可能就是它在我们生活中的意义。在第 1 级思维方式中，意义被认为是外在的。我们会做出选择，但都是相对次要的选择。例如，如果我们想让孩子吃鸡蛋，我们不会问他们想要什么的开放式问题，我们会问他们想吃炒鸡蛋还是煮鸡蛋。他们有选择，但选择是有限的。

我早年的大部分时间都是在这种思维方式中度过的。我做了一些相对次要的决定，比如主修什么专业、申请哪所学校。但我的"轨道"已经确定：取得好成绩，取悦我的老师和教授，继续沿着这条路走下去。

我当初为什么要学心理学？我是个成绩优秀的学生，至少从传统的角度来看，我在大多数学术方面都很优秀。但我非常喜欢菲尔·津巴多教授的心理学入门课程，于是我想，我为什么不去主修心理学呢？我是否进行了长时间的、有意识的反省：如果我当初主修的是化学，那么我的人生会有什么意义？没有。即使是选择申请哪所学校，无论是作为学生还是教授，我都做了相对安全的选择。哪些学校最好，我就申请哪里。我当时回答的是炒鸡蛋或煮鸡蛋的问题，但谁会问我喜欢吃什么样的鸡蛋呢？这是外在的东西。

第 2 级思维方式可能会让我根据自己选择的专业、学习领域甚至职业，在不同的条件下严格地评估自己财富的净现值。但正如我们所看到的，第 2 级思维也是典型的无意识思维。

事实上，第 2 级思维有一个第 1 级思维没有的缺点：失望。第 1 级思考人生意义的方式是根本不去思考。我们可以稍有觉知地生活，稍有觉知地完成分配给我们的任务，这当然比无意识地完成任务要好，但我们也会觉知自己的处境。从第 2 级思维来看，我们认为一旦我们开始约会、一旦我们有了一辆车、一旦我们结婚、一旦我们离婚、一旦我们搬到纽约、一旦我们得到那份工作、一旦我们离开那份工作、一旦我们退休，我们就会快乐。但这条路常常充满失望，因为每完成一项任务就会让我们失望一次。这样的失望多了，我们可能会开始觉得生活没有任何意义。

第 3 级思维能带领我们走出泥潭吗？让我们记住芝诺的教训：

正因为万物都有可能是无意义的（或者说是芝诺悖论中不可及的），所以万物都有可能是有意义的。

我们必须选择自己赋予其意义，它不是外在的。第3级思维方式承认，我们可以在任何时候做出改变，因为没有什么是本就有意义的。我们应该在65岁退休吗，还是90岁，或永远不退休？这些都是可能性。你应该成为宇航员还是钢琴演奏家，棒球运动员还是物理学家，还是以上所有？为什么不呢？

我觉得，现在我当小说家会很幸福。我从未写过小说，但为什么不呢？全身心地投入写作过程中，即使永远也写不完，我也会有自己的收获。

从存在的角度认识到，任何事情都可能没有任何外部意义或目的，这可能是毁灭性的，但也可能是解放性的。它可以解放我们所有人，让我们享受正在做的任何事情。

第6章
身心合一

> "我们的任务是……与其说是看到别人未曾看到的东西，不如说是思考别人未曾思考过的东西。"
>
> ——埃尔温·薛定谔

认为身体有别于心灵，在疾病和衰老中不可避免地运行，这种观点给我们的生活带来了不必要的限制。理解身心合一，就像质疑规则和风险，或者意识到资源可能并不有限一样，可以让我们拥有更强的控制力，开辟曾经被视为不可能的道路。

我第一次认识到身心合一是在巴黎度蜜月时的一家餐厅里。我点了一份什锦烧烤。除了胰脏，盘子里的每样东西肯定都很美味，但我下定决心一定要吃掉它。当时我想表现得精致一些——毕竟，我现在是已婚妇女了。盘子端上来了，我问我的丈夫哪一个烤的是胰脏。我把盘子里的其他东西都吃了，现在，可怕的时刻来临了——我试着吃，但越来越恶心。但此时他的脸上洋溢着灿烂的笑容。我问他,我不舒服有什么好笑的?后来我才知道,我刚刚吃了胰脏,而我吃得如此困难的是鸡肉。

在那一刻,一个理论诞生了,尽管我花了很多年才把它说清楚。

身心二元论

任何看到别人呕吐而感到恶心的人,都有心灵影响身体的亲身体验。尽管如此,我们整个西方思想传统仍然认为它们是分开的。

虽然亚里士多德认为安静快乐的心灵会使身体健康,但柏拉图和其他古希腊哲学家认为心灵和身体从根本上说是不同的实体,相互影响有限。笛卡儿的身心二元论观点成为西方公认的医学模式,当细菌学家罗伯特·科赫(Robert Koch)找到炭疽病的病因,并确定了导致结核病和霍乱的细菌时,我们的二元论观点得到了加强。大约在同一时期,路易斯·巴斯德(Louis Pasteur)研制出狂犬病和炭疽疫苗,并证明疾病是由"病菌"引起的,而不是以前认为的不良空气。显然,这些都是非常重要的发现。

不幸的是,它们也导致了疾病单向因果关系的假定。在这种模式下,疾病依赖于病原体的引入,然后病原体导致身体系统出现问题;心理变量被认为可能在健康中扮演次要角色,但心理问题和身体问题是并行发展的,两者互不影响。在这种模式下,疾病被视为一个纯粹的生理过程,治疗也是在这个层面上针对疾病状态进行的。思想和情绪不会导致疾病。

然而,东方早期的健康观念更为全面。早在公元600年,印度文献就提到了精神状态与疾病之间的密切关系——仇恨、暴力和悲伤都被认为会破坏健康。已有2000多年历史的传统中医也认识到了心理对身体的影响。事实上,这一传统强调"气"(生命力)的重要性,并试图通过激发"气"来达到最佳健康状态。从这些早期的亚洲理念发展而来的整体医学强调通过营养、运动、草药疗法、芳香疗法和其他辅助疗法来治疗身体疾病。

尽管有些人仍然接受医学模式,但疾病的生物社会模式是目前的主流观点。该模式由乔治·恩格尔(George Engle)提出,承认生物(如遗传、生化因素)、心理(如人格、情感、认知)和社会(如家庭、文化)因素相互作用导致疾病,因此心灵可以影响身体[1]。尽管如此,人们对身心二元论的基本信念依然存在,即身心是分离的,即使它们会相互影响。研究人员继续致力于寻找心理和身体体验之间的内在联系。每当我提交研究论文,审稿人问我是什么导致了健康的结果时,我就会明白这一点。他们会问:"你是怎么把一个叫作心理的模糊东西,变成一个叫作身体的物质东西呢?"当然,他们的基本假设是,心理和身体是分开的,因此原因不可能"仅仅"是心理上的。

更完整的身心合一

在本书的前言中，你应该还记得，我早期的一些研究为后来的"身心医学"奠定了基础。我在疗养院进行的研究表明，当鼓励老年人做出决定或照顾植物时，他们在 18 个月后还活着的可能性是对照组的两倍[2]。大约在同一时间，心理学家理查德·舒尔茨和芭芭拉·哈努萨发现，让养老院的老人控制何时接待访客会影响他们的寿命[3]。在其他养老院研究中，我们提供了记忆训练，结果也增加了寿命[4]。在一项将我们的"主动注意"觉知疗法与超越冥想进行比较的研究中，也发现了这些长寿效应（虽然我早期的研究与冥想有关，但现在我几乎所有的工作都在研究觉知而非冥想）。[5]

有数据显示，心理干预可能会影响寿命，因此我们开始测试身心合一的概念。想想你的手臂。你可以把它看作手臂，也可以把它看作手腕、肘部、上臂或前臂。但是，只要移动手臂的任何部位，就会移动或影响组成手臂的所有部位。即使你认为你只是在移动手腕，你的整个手臂都会受到影响，事实上，你的整个身体都会受到影响。这并不是说手腕会影响手臂，而是手腕就是手臂的一部分。同样，每一个想法都会影响身体的每一部分。我们现在可能还没有技术看到所有的影响，但总有一天我们会看到。例如，我们现在知道，喜悦的泪滴与切洋葱时流下的泪滴在生物化学上是不同的。现在也有数据显示，我们乳牙上的生长印记可能会揭示我们年老时的心理健康和抑郁情况。也就是说,童年的压力和逆境会影响牙釉质。

以色列科学家阿斯亚·罗尔斯的研究表明,我们的免疫反应始于大脑。[6]当她引起小鼠腹部发炎时,发现它大脑中的某些神经元被激活。后来,科学家们通过刺激这些神经元,能够让小鼠产生同样的炎症反应。正如罗尔斯博士所说:"不知何故,有一些'想法'启动了真实的生理过程。"[7]

她的研究还表明,积极的期望可以增强抗菌和抗肿瘤免疫力:当大脑中的快乐中枢受到刺激时,肿瘤的生长就会减慢[8]。这说明免疫反应是由大脑决定的,抑制相关神经元,疾病症状就会减轻。

任何变化几乎都同时发生在我们身体的每一个细胞中。如果我抬起胳膊,我的大脑就会与抬起胳膊之前有所不同。如果我有一个关于我的狗的想法,我的大脑就会发生变化。与其认为我们的大脑在工作,我们的生理却不活跃,或者与此相反,不如将其视为一体,这意味着心理和身体反应是同时发生的。也许有人会问:"如果我失去了四肢或体重有变化,是否意味着我失去了部分思维?"这个问题的论点是身心合一,而不是身心平等:你的思想肯定会受到你失去的肢体或体重变化的影响,只不过不是一一对应而已。有人可能还会问:"如果我的思想不断变化,是否意味着我的身体也会变化?"答案很简单,"是的",身体一直在再生。

哈佛大学心理学系有一个我们称之为"收获日"的活动,许多教师都会在这一天就他们目前的工作做一个简短的演讲。在我讲述了我对身心合一的研究后,我的一位德高望重的同事问道:"颅骨下发生了什么?"他指的是身心合一的神经科学。他想知道,在大脑层面发生了什么?从思想到身体变化的一系列事件是什么?当然,这个问题已经困扰了哲学家几个世纪。

对我来说,身心合一意味着神经系统的变化或多或少是同时发生的,而不是先后发生的。此外,即使科学家只关注大脑,我们的身体也在发生变化。我们可以通过改变我们的思想来改变身体,而无须考虑颅骨下发生了什么。我们不必等待改变身体,我们现在就可以做到。

测试身心合一

1979 年,我在前面提到的"逆时针"研究中对"身心合一"这一激进概念进行了首次测试[9]。概括地说:我们的目的是想知道,让老年人的大脑相信他们就像过去一样是否也会影响他们的身体。为此,我们让这些人离开自己的家,到一个疗养院生活一周。疗养院经过改造,在各方面都与 20 年前的生活相似。他们观看那个时代的新闻节目、其他电视节目和电影,聆听点唱机里当时的最受欢迎的音乐和其他音乐,并被要求用现在时态谈论这一切,就好像这些事情刚刚发生一样。对照组则在同一疗养院生活了一周,讨论同样的话题，但用的是过去时态。

在离开疗养院之前，我们测量了所有参与者一系列生理、心理和身体指标。我们发现，在一个新鲜、刺激的环境中度过一段时间后，两组人在生理、心理和身体状况方面的得分都比基线时有所提高。两组人的听力、记忆力和握力都有所提高。然而，实验组在许多指标上都优于对照组。视力、关节灵活性、手的灵活性、智商、步态和姿势都有所改善，关节炎的症状也有所减轻。这些发现非常了不起，因为在没有医疗干预的情况下，任何年龄组的听力或视力都很难得到改善，尤其是在老年人群中。最近，我的博士后弗朗切斯科·帕格尼尼、德博拉·菲利普斯和我在意大利复制了逆时针研究，让人们像年轻时一样生活，就像生活在1989年一样[10]，我们再次发现人们的身体机能得到了改善。

在其他测试身心合一的研究中，我们还研究了其他类型的线索，这些线索可能会对健康产生重要影响。以与年龄相关的服装线索为例，广告告诉我们某些款式是"为谁量身定做"的，而商店的设计则延续了"适合年龄"的概念：迷你裙在许多商店里都不适合我这个年龄的女性，如果我在商店里试穿，我肯定会遭到女售货员的鄙视。这些暗示不仅是令人讨厌的且存在年龄歧视，甚至会影响我们的健康。考虑到制服往往会消除与年龄有关的暗示：当穿着制服的人在工作时，他们不会被巧妙地提醒自己的年龄。在我和我的学生郑在宇（Jaewoo Chung）和劳拉·许（Laura Hsu）一起进行的一项研究中，我们控制了身份和薪酬等因素，发现那些经常穿制服的人确实更长寿[11]。虽然我不能假定与年龄有关的暗示以及这些暗示所引发的负面期望是我们的研究对象寿命延长的唯一原因，但我认为将两者联系起来是合理的。

但事实证明，我们并不需要外界的身体暗示，就能从我们认为自己看起来年轻的变化中获益，并在健康指标上看到相应的变化。在另一项研究中，我们为理发前后的女性拍照并测量她们的血压。不过，在这两组照片中，我们都遮住了她们的头发，让她们只能看到自己的脸。

然后，我们让这些女性对自己在每张照片中的外貌进行评价，我们问她们是否认为自己在后来的照片中看起来更年轻。对许多女性来说，仅仅是理发这一事实（她们知道哪张照片是"之前"，哪张是"之后"）就使她们相信自己确实看起来更年轻了。更重要的是，我们请来评判照片的人也一致认为她们"剪发后"看起来更年轻了。而且，对这些妇女来说，相信自己看起来更年轻对健康也有好处，因为她们的血压也降低了。

为了测试感知对生理的影响，我和阿里·克鲁姆（Ali Crum）一起做了一个酒店女服务员实验，当时她还是我在哈佛大学的学生（她现在是斯坦福大学的教授）[12]。虽然客房服务员的工作是非常辛苦的体力活动，但他们从未把它看作是锻炼，因为"锻炼"被认为是在工作前或工作后进行的。我们想知道，如果女服务员们把她们的工作视为"锻炼",工作是否会对她们的身体产生不同的影响。参与者被随机分为两组,控制组只获得一般的健康信息,实验组则被告知她们的工作是锻炼,并将其与健身房里的特定器械和运动相比较(整理床铺就像是在划船机上工作,拖地则能很好地锻炼上半身)。在为期一个月的干预中,女服务员们工作的强度和时间,以及她们吃了什么或吃了多少,都没有明显的差异,唯一的区别在于她们现在是否认为自己的工作就是锻炼。由于这种心态的改变,实验组出现了显著的变化:她们的体重减轻了,身体质量指数(BMI)下降了,血压降低了,腰围与臀围的比例下降了。

当我讲述我们的女服务员研究时,为了让听众明白我在说什么,我会放一张两位女士在健身房的幻灯片:一位骑着固定自行车,另一位站在旁边和她聊天。我告诉他们,如果运动的女性认为自己只是在健身房社交而不是运动,那么她可能不会从运动中获益太多;而如果不锻炼的女性认为自己在健身房度过了一天,她仍然可以体验到一些锻炼的好处。

身心合一意味着我们所做、所经历或所思考的一切都与我们的健康息息相关。如果我们去看棒球比赛并为球队获胜而高兴,或者我们去了一家新餐馆并与似乎不理睬我们的服务员争吵,或者我们看了一个有趣的电视节目,这些活动都会在我们的身体中记录下来,日复一日,每时每刻都在影响着我们的健康。在生活中用心而不是无意识地生活,这些微小的变化都会累积起来。

意念比实际更强大

阿里·克鲁姆继续这一研究方向,并将其向前推进了一步。她和斯坦福大学的同事奥克塔维亚·扎尔特(Octavia Zahrt)对 6 万多名 21 岁以上的人进行了调查,并对健康和人口因素等进行了控制[13]。调查内容包括个人认为自己相对于其他同龄人的运动量。克鲁姆和扎尔特发现,活动量与死亡率之间存在显著关系。在研究期间,认为自己不爱运动的人比认为自己爱运动的人更容易死亡,无论他们的实际运动量如何都是如此。

其他研究人员也发现了类似的结果。阿比奥拉·凯勒(Abiola Keller)和她在马凯特大学的同事们研究表明,不是压力有害,而是认为压力有害[14]。认为压力有害并报告说经历过很大压力的成年人,比那些没有报告压力很大的成年人更有可能早死。令人惊讶的是,许多认为生活压力很大但不认为压力有害的人,其寿命与生活压力不大的人没有什么不同。

当我读研究生一年级时,我们被介绍到多位心理学系教授的实验室。在一个研究味觉的实验室里,教授和我们分享了一种物质的存在,这种物质能让含有大量糖分的东西尝起来酸酸的,而另一种物质则能让酸的食物尝起来甜甜的。吃到本以为是甜的东西,却因其酸味而反感,这确实很奇怪。从那时起,我就一直在想,如果我吃了一些人造的、尝起来很甜的东西,我的身体是会对甜味的"想法"做出反应,还是会对我实际吃下的东西做出反应?即使我没有吃糖,我的血糖水平是否会升高?身心合一理论预测,"意念"会比"实际"更强大。

虽然目前还没有这样的研究,但对观念的影响进行最有力的测试之一,就是对那些相信吸烟会导致癌症、肺气肿或慢性阻塞性肺病的重度吸烟者与那些真正不相信吸烟会导致癌症、肺气肿或慢性阻塞性肺病的重度吸烟者的长期健康状况进行比较,或者对那些相信肥胖是杀手的人与那些不相信肥胖是杀手的人进行比较。如果相信自己会生病而导致疾病,那么原因可能是信念使然,也可能是从事一种被视为危险的行为会给人带来压力,而压力才是杀手。

当然,一种习惯的危险性的信念是很难衡量的。但是睡眠——你睡了多少——却是可以测量的。我们对睡眠模式的看法有多大的可塑性也是可以量化的。哈佛大学医学院研究睡眠的人与我和我的实验室成员一起进行了一项关于睡眠的研究。我们的干预措施很简单:我们对床头时钟进行编程,改变参与者认为自己睡了多长时间,而与实际睡眠时间无关[15]。

在听觉心理运动警觉性测试中,当时钟走快,让人们以为自己睡了8小时但其实只睡了5小时时,他们的反应时间比知道自己睡了5小时时的反应时间更快。相反,当人们睡了8小时但认为自己只睡了5小时时,他们的表现要比睡了8小时且认为自己睡了8小时时差。显然,我们对睡眠时间的感知很重要,而不仅仅是实际睡眠时间。

这些感知也会影响大脑活动,而大脑活动是衡量警觉性和放松程度的更客观指标。参与者戴上脑电图帽,以记录他们的脑电波(即神经活动的振荡)。当人处于警觉状态时,他们的大脑活动会以一种被称为阿尔法波的频率记录下来。在研究中,这些阿尔法波更多地与参与者对自己睡眠时间的感知相关,而不是与实际睡眠时间相关。例如,当人们认为自己的睡眠时间缩短时,他们的大脑就会显得不那么警觉。脑电图等各种物理测量结果也是如此。换句话说,对睡眠受限的感知会让我们的大脑表现出睡眠受限的状态。

身心合一表明,疲劳本身可能在我们的控制之下。我曾在《逆龄生长》一书中讨论过疲劳问题,我在书中断言,疲劳可能是由我们的心智而非生物生理极限决定的[16]。也就是说,精神和体力并不像许多人认为的那样,由不同的潜在过程所支配。它们不是独立的生物功能。如果这是真的,那么我们就可以很好地控制自己是否会感到疲劳。我描述了我们当时做的两项非正式研究,我让班上的同学请他们的朋友做100个或200个开合跳,并让他们告诉这些同学自己什么时候累了。两组人都报告说,他们在活动进行到三分之二时感到了疲劳。也就是说,第一组人在做了65~70个跳绳后就感到累了,而第二组人在做了130~140个开合跳后才感到累。在另一个非正式的实验中,我们让人们使用文字处理程序不停地输入一页纸和两页纸的字,该程序不对错误提供反馈。对输入一页纸的人来说，大约打了三分之二的时候错误最多。虽然第二组的打字量是第一组的两倍，但他们的错误直到两页纸的三分之二时才出现。我们在做任务时会给任务施加一个结构，这样我们就会有开始、中间和结束的感觉。

以前我开车从波士顿去纽黑文，快到马萨诸塞州的南桥——半程终点时，我就会感到焦躁和疲惫。而当我开车去两倍于此距离的纽约市时，在接近康涅狄格州哈特福德之前我都很好，哈特福德大约是去纽约的半程，比南桥更远。

我和我的实验室成员最近进行了几项研究，以更正式地验证疲劳是一种心理结构的观点：第一项研究是对长途旅行中的疲劳进行评估；第二项研究是在枯燥的计数研究中考察疲劳；在第三项和第四项研究中，我们让人们从事体力劳动，以评估相同的假设[17]。

事实证明，我的驾驶经历并非个例。根据自我报告，参与者表示他们平均在旅途的50%左右开始感到疲劳，在旅途的75%左右感到最疲劳，无论他们驾车旅行的实际时间长短是多少。

在计数研究中，我们想看看脑电波是否也遵循这种模式。当参与者来到我们的实验室时，我们让他们坐在电脑前，将头戴式脑电检测耳机戴在他们头上，并指示他们按照电脑屏幕上的说明进行操作。然后，他们被随机分配到三个实验组之一：（a）200个计数任务组，（b）400个计数任务组，（c）600个计数任务组。在200个计数任务组中，我们给参与者一张纸，上面有200个随机生成的

1到80之间的整数,他们被要求用铅笔标出每个是3的倍数的数字。在其他两个条件下,指令和步骤都是一样的,但现在有400个或600个随机生成的1到80之间的整数。三种条件下的参与者都被告知有15分钟的时间来完成任务。因此,在第二项研究中,我们在不改变任务长度的情况下改变了任务的心理负荷。我们知道,人在疲劳时会犯错误,因此我们将犯错误的次数作为衡量疲劳程度的主要标准。每组中的大多数错误都发生在中途。也就是说,第一组的人在100个左右犯错,第二组的人在200个左右才犯错,而第三组的人在300个左右才犯错。脑电图数据也显示了同样的效果。在疲劳期,受试者的阿尔法波段脑电图波幅出现了可观察到的补偿信号峰值。在下一项研究中,我们简单地让人们握住手柄120秒、180秒或240秒,然后报告他们何时感到疲劳。我们再次发现,疲劳与否取决于他们期望握住手柄的时间长短,而不是实际握住的时间长短。

该系列的下一项研究也对身体疲劳进行了评估,研究对象是德国威斯巴登黑森州国家芭蕾舞团的芭蕾舞演员——芭蕾舞演员习惯在身体疼痛、身心疲惫的情况下完成任务。芭蕾舞演员每周工作5~6天,工作日的训练和排练从早到晚。他们的身体经过训练,能够承受身体上的不适,他们的耐力帮助他们在水疱、关节和肌肉疼痛,有时甚至严重受伤的情况下完成2~3小时的表演。

我们的研究对象是一个名为"二位旁腿伸展"(developpé a la

seconde）的舞蹈动作，该动作是将腿完全伸直（即膝盖不弯曲），离开地面向一侧伸展，通常呈90度角或更高。通过对亚特兰大芭蕾舞团的男女专业芭蕾舞者进行初步研究，我们已经知道了这个动作的平均保持时间，因此我们知道大多数德国舞者大概会在这个姿势上停留多长时间。

我们录制了参赛者完成任务的视频，并请三位受过专业舞蹈训练的观察员（他们未被告知本研究目的）观看每段视频，然后启动秒表，以秒为单位记录他们认为视频中的舞者（a）何时开始出现疲劳，以及（b）何时出现最严重的疲劳。我们再次发现我们的假设得到了支持。结果表明，无论是任务的持续时间还是参与者的性别，都不是观察者对参与者何时开始出现疲劳的记录的决定因素。在芭蕾体位保持过程中，舞者在大约三分之一的时间点开始出现疲劳迹象，而在大约四分之三的时间点，他们的疲劳达到了顶峰。

当我们无意识地做一件事时，我们的期望值决定了我们是否会累。不管我们认为自己会在完成任务的三分之一、一半还是三分之二时感到疲倦，这都不重要。因为问题是一样的，我们的疲劳往往是由我们的思想而非身体极限决定的。

阿里·克鲁姆（Ali Crum）和她的同事进行了另一项重要研究，支持身心合一和这种疲劳观[18]。她和同事进行了基因测试，以了解参与者是否有容易疲劳的基因。参与者在跑步机上跑到疲惫为止，以获得基线分数。然后，她将参与者随机分为两组。然后，一组参与者被告知他们有"疲劳"基因，另一组参与者被告知他们没有这种基因。这样，一些人得到了准确的信息——他们有或没有这种基因，而另一些人则被告知他们有这种基因，尽管他们没有。一周后，每个人都再次在跑步机上跑步。研究人员发现，无论他们的基因如何，他们的信念都控制着他们的成绩。那些认为自己基因较差的人耐力较差、肺活量较差、新陈代谢交换率也发生了变化，也就是说，他们排出体内二氧化碳的效率较低。

以明确的开头、中间和结尾来安排我们所做的任务，这种想法是有目的的。它可以让我们完成一件事，然后再去做另一件事。然而，这种结构似乎是可塑的。知道我们基本上可以控制自己什么时候会感到疲倦，就能让我们在对自己有利的时候有意识地改变它。

具身认知

如果身心合一，我们不仅可以通过改变心理来改变身体，还可以通过改变身体来改变心理。虽然疾病或运动等身体变化和活动对心理的巨大影响显而易见，但这些影响也可能发生在很小的范围内。

约翰·巴奇（John Bargh）在耶鲁大学的心理学实验室研究了一个涉及具身认知研究的身心合一的例子[19]。他和劳伦斯·威廉姆斯进行了一项简单、简洁的研究。研究参与者被要求手持一杯热咖啡或一杯冰咖啡。然后研究者向他们发放一份问卷，询问他们对问卷上描述的人的印象。那些刚刚喝过热咖啡的参与者认为描述的人比那些喝过冰咖啡的人更温暖。尽管其他研究人员后来无法复制这一结果（这种效应可能是真实的，但只在某些情况下才成立），但心理学家汉斯·伊杰泽曼和贡·塞明后来发现，与拿着冷饮时相比，拿着热饮时会让人感觉与那些被要求思考的人更亲近[20]。

天气温暖时，人们也往往更快乐、对生活更满意。心理学家纳奥米·艾森伯格（Naomi Eisenberg）发现，当我们的体温升高时，我们会比体温低时感觉与人的联系更紧密[21]。也许更有趣的是她在社交排斥方面的研究：在一个虚拟掷球游戏中，没有被掷中球的参与者会感到被社会排斥[22]。通过使用功能性磁共振成像数据，她发现前扣带回皮质的大脑排斥模式与身体疼痛模式相同。如果正如艾森伯格所认为的那样，身体和心理上的疼痛模式存在于大脑的同一部位，那么这意味着身体上的疼痛可以通过心理手段得到改善。

在这方面，我最喜欢的一个实验是由德国维尔茨堡大学的心理学家弗里茨·斯特拉克、萨宾·斯蒂珀以及北卡罗来纳大学格林斯博罗分校的伦纳德·马丁共同完成的[23]。参与者不知道研究的目的，他们被告知用嘴唇或牙齿夹住铅笔。前一个动作会影响与皱眉相同的肌肉，而后一个动作则是模仿微笑。然后，参与者被要求对漫画的有趣程度进行评分。结果显示，那些被强迫皱眉的人比那些无意间微笑的人更不开心。当我向学生们讲述这项研究时，我觉得很有趣——在讲故事时，我一半时间把铅笔放在牙齿之间，其余时间则放在嘴唇之间。但比我自己的乐趣更重要的是，研究结果非常清楚地表明，改变身体的同时也会改变心理。

觉知与感官

将身体与心理分开的观点鼓励人们相信我们的感官是有限度的。在讨论视力如何变化时，我经常会先问听众，在饥饿时他们发现喜欢的餐馆要比不饥饿时快多少。我的实验室对验光师和眼科医生使用的视力表进行的研究提供了一个更正式的论证[24]。在标准视力表上，字母从上到下逐渐变小。因此，它们会让人产生一种预期，即在某一时刻，我们将无法看到更下方的字母。在我之前提到的一项研究中，我们把视力表反转了一下，把最大的字体放在了最下面，从而扭转了人们的预期。果然，我们发现这样人们可以读出以前无法读出的线条了。

我们尝试了另一个实验，根据人们的预期，在标准视力表上大约三分之二的位置，他们将无法读出字母。我们让他们看一个比原来的视力表字更小的视力表。当他们开始阅读比标准视力表上小得多的字母时，他们可以看到以前看不到的字母。

也许是出于必要，医学界只能使用基于大量人群的规范性和概率性信息。尽管如此，如何将这些信息传达给我们个人还有改进的余地。试想一下,如果不说你的视力是 20/60,而是告诉你,根据现在这个特定的测试你的视力是 20/60,情况会怎样?根据我的实验和我对身心力量的信念,我敢打赌,只要在语言上稍作改变,至少有一部分人在下次接受眼科检查时,视力表现会有所改善。

当我的隐形眼镜出现问题时,我才真正体会到感知变化的能力。我左眼戴着隐形眼镜。一天晚上,我想在睡觉前把它取下来。当我的手指费力地寻找它时,差点刮伤了眼睛。幸运的是,在造成严重伤害之前,我意识到自己忘记戴上它了。仔细一想,我发现我的视力一整天都很好。为了言行一致,我决定第二天不再戴镜片,看看会发生什么。这已经是四年多以前的事了,现在我仍然不需要眼镜来阅读。

后来,我又做了其他研究,探讨感官能力是否需要"修复"。我和卡琳·贡内特-肖瓦尔(Karyn Gunnet-Shoval)测试了 103 名大学生的听力[25]。我们告诉参与者,我们对感官和信息处理方面的个体差异很感兴趣。我们将学生分为 4 组,所有人都接受了听力测试,然后被要求听一段他们自己选择的播客。其中一组学生被告知,我们希望他们通过收听播客能在以后的测试中提高听力;第二组只被要求收听播客;第三组被告知,通过低音量收听播客来人为地提高听力,有助于改善他们之后的听力;第四组被要求以较低音量收听播客 30 分钟,但不提出任何期望。因此,参与者要么期望听力得到改善,要么不期望听力得到改善,他们要么以正常音量聆听，要么以低于正常音量聆听。

测试结果表明，无论是否期望提高听力，以极低的音量收听播客都会使听力得分高于初次测试。与视力研究一样，增加任务难度确实会使下一次尝试变得更容易。

想象中的进食

本科时，我在心理物理学课上读过一篇对我影响深远的文章，这是一篇美国早期心理学家切夫·W. 佩尔基（Cheve W. Perky）写于1910年的文章[26]。佩尔基研究了真实体验和想象体验，发现两者之间基本上没有区别。我记得在她的研究中，参与者被要求盯着屏幕，想象各种物品（如香蕉或西红柿）。在不知不觉中，他们报告屏幕上出现了香蕉等物品的图像。后来询问他们，他们都认为是自己想象出来的。最近再思考这个问题时，我发现很难相信大脑有能力区分真实与想象这两者，因为我们的信念一直在影响着我们的感知。我们可能会在不同的环境中看待同一件事，看到不同的东西。如果真实和想象的经历可以产生相同的效果，那么我们就会看到各种可能性。

十几岁时，我和朋友露易丝一起度过星期六。她比我大几岁，总是由她决定我们今天要做什么，我很高兴能和她一起。我们经常出去吃冰激凌，因为我总是注意自己的体重，而她却不需要，所以当她吃香蕉船或热软糖圣代时,我就坐在她旁边看着。当勺子离开盘子进入她嘴里时,我会想象自己也吃下每一勺冰激凌。有趣的是,当我们离开餐桌时,两个人都觉得饱了。许多年后,我看到凯里·莫雷韦奇和同事们的一项研究,他们让人们想象吃奶酪的样子[27]。有些人被要求想象多次吃奶酪,有些人则想象少吃几次。那些想象吃了很多次奶酪的人在真正吃到奶酪时吃下的更少——他们在想象中吃饱了。

虽然这不是一项实验,但我的前哈佛同事莱诺尔·韦茨曼（Lenore Weitzman）教授和她的合著者、耶路撒冷希伯来大学的达利娅·奥费尔（Dalia Ofer）教授的研究成果可能是最能说明想象中进食的影响的例子[28]。

根据回忆录和对大屠杀幸存犹太人的采访,韦茨曼和奥费尔写道,集中营中的男性和女性都生存在饥饿中。然而,尽管男女都面临并遭受着系统性饥饿,他们却发现女性更有可能采取一些似乎能帮助她们应对饥饿的行为。晚上,经过一天的艰苦劳动后,她们经常会聚在营房里谈论食物,特别是她们在犹太节日里吃的食物,以及她们为婚礼和成人礼精心准备的菜单。她们还回忆并争论制作著名犹太食品的最佳方法,如犹太安息日面包,并无休止地讨论最丰盛的甜点。正如一位女性所说:"我在奥斯威辛集中营学会了烹饪:当我获得解放时,我已经熟记了许多甜点食谱,尤其是Palascsinta（一种匈牙利可丽饼甜点）。"

韦茨曼和奥费尔写道，这些女性似乎通过回忆这些特殊食物的味道而感到满足。如果不是这样，而是想到食物会让她们更饿，那么很难想象饥饿的人会有这样的想法。

她们还谈道，似乎对过去生活的回忆帮助她们超越了（哪怕只是暂时超越了）集中营的恶劣环境和屈辱。回忆起过去那些快乐的饭菜，也让她们能够想象未来，她们将再次成为那些为家人做饭的人，相信自己还有未来，这也给了她们力量。

尽管韦茨曼和奥费尔小心翼翼地提醒我们注意集中营中饥饿的现实后果，但他们指出，一些集中营中的女性实际上还写了烹饪书（如特莱西恩施塔特写的《回忆厨房》），以此证明谈论食物和分享食谱对帮助她们生存和确认她们拥有未来的重要性[29]。

或许，其他胃口也可以通过虚拟方式得到满足。《广告狂人》第一次在电视上播出时，节目中的每个人都抽烟。当吸烟者看到有人点烟时，他们自己往往也想抽一根。有一次，我在中途打开节目，有人刚把烟掐灭。我在想，究竟是看到香烟就会产生欲望，还是想象着吸烟才会点燃香烟。如果是后者，那么看到有人熄灭香烟就不会点燃香烟。我还在想，想象着抽完一支烟，就像我想象着吃东西一样，是否本身就能让人感到满足，而不用真的点燃。截至本书撰写之时，我正在验证这一假设。

想象练习

维诺斯·兰加纳坦（Vinoth Ranganathan）及其同事进行了一项与心理锻炼有关的耐人寻味的研究。在 3 个月的时间里，他们将心理锻炼手指或肘部弯曲的参与者与两个对照组进行了比较：一个对照组进行身体锻炼，另一个对照组既不进行身体锻炼也不进行心理锻炼[30]。结果令人震惊。与不做任何活动的小组相比，做身体锻炼的小组手指力量增长了 53%；而做心理锻炼的小组手指力量增长了 35%。我们无法知道想象中的锻炼实际进行了多少，这可能是想象和实际之间存在差异的原因。无论如何，结果是显著的。

其他研究也显示了想象运动的效果。例如，光是想象参加一项运动就能提高成绩[31]。一项研究表明，完全由心理想象组成的髋关节锻炼计划与实际的体育锻炼几乎一样有效，髋部肌肉力量分别增加了 23.7% 与 28.3%，在统计学上结果相当[32]，未进行任何活动的对照组则没有任何改善。我的实验室成员弗朗切斯科·帕格尼尼（Francesco Pagnini）要求女排运动员想象自己在空中飞行 5 分钟[33]，与只观看无关视频的对照组相比，她们的跳跃高度明显提高。

身心合一的概念也能减轻症状。在一项研究中，我们的实验室成员要求关节炎患者连续 10 天每天观看一段 2 分钟的钢琴演奏者双手的视频[34]。在观看视频时，参与者或者用心想象弹钢琴的情景（心理模拟），或者用心留意音乐的各个方面（用心聆听），或者只是听音乐来放松。实验前后他们对关节炎症状进行了自我报告测量，并对力量、灵活性和柔韧性进行了生理测量。虽然放松并没有带来改善，但用心想象演奏和用心聆听的方法都改善了自我报告的疼痛症状以及手腕和手指灵活性等生理指标。

有趣的可能性

身心合一理论还提出了许多其他有趣的假设，其中之一与整容手术有关。当一个人做了拉皮手术后会发生什么？这个人现在是否认为自己看起来更年轻了，即使按照客观标准他们看起来并不年轻？我认为，如果他们现在拥抱新的自己，很有可能是的。当然，身心合一并不是唯一起作用的因素，人们可能也会把你当成更年轻的人对待，这可能会产生其他积极的影响。

乳腺癌通常与女性而非男性联系在一起。如果一个女人想象自己在一个男人的身体里会发生什么？这会减少她乳房中的肿瘤吗？这可能并不像听起来那么牵强。已经有研究表明，变性男性（出生时性别为女性，性别认同为男性）罹患乳腺癌的风险低于普通女性[35]。如果我们考虑到这些人正在服用激素，而激素替代疗法（HRT）会增加罹患乳腺癌的风险，这就变得更加有趣了。

身心合一假说的另一种解释是，感觉自己被困在女性身体里的人，一开始就比大多数女性拥有更多的睾丸激素，而由于睾丸激素具有预防乳腺癌的作用,因此她们患乳腺癌的概率较低。

下面是另一项有趣的研究,它支持"身心合一"理论,对变性男性患乳腺癌概率较低进行了解释。这项研究调查了解雇某人的行为,因为人们普遍认为解雇某人对男性来说更容易,这可能被视为一种男性行为[36]。研究人员发现,当女性和男性假装解雇某人时,他们的睾丸激素会增加。因此,表现得像个男人可能会刺激睾酮,从而增加对乳腺癌的防护。

所有这些研究都让我清楚地认识到,了解身心合一将带来无限可能。正如亨利·福特所说:"无论你认为你能,还是你认为你不能,你都是对的。"

第 7 章
安慰剂和异常值

"但仍要尝试,因为谁知道什么是可能的?"

——迈克尔·法拉第

当我们考虑关于安慰剂的研究时,我关于身心合一的想法就有了新的内涵。研究者大都知道,安慰剂是研究中使用的无害糖丸,其中一组人服用真正的药物,对照组人服用安慰剂,以观察药物的疗效是否优于糖丸。在遥远的过去,除了糖丸,还有许多其他惰性物质被用来治疗疾病。1794 年,拉尼埃尔·格比(Raniere Gerbi)将蠕虫的分泌物涂抹在病人疼痛的牙齿上,结果 60% 以上的病人整整一年的疼痛都消失了[1]。在不同的历史时期,干狐肺、蛤蟆眼、水银、水蛭和电流都是有效的治疗方法。托马斯·杰斐逊曾写道,他的医生是一位著名的内科医生,经常给人服用安慰剂,并认为疾病主要是心理因素造成的[2]。20 世纪初最有名的美国医生理查德·卡博特(Richard Cabot)说过:"我从小就被教育使用安慰剂……通过病人的心理对其症状产生作用，我想每个医生都是如此。"[3]

我们现在认为离奇的许多其他"疗法"也有安慰剂的作用。弗朗兹·麦斯麦是一位医生，早在19世纪初，他就相信能量可以在有生命和无生命的物体之间传递[4]。追随他的脚步，催眠师们用磁铁、触摸和磁化水来治病，表面上是"纠正失衡"。我在文献中发现的最令人震惊的案例是，用磁铁对一名妇女的阴道施加压力，直到她"抽搐"为止，这被认为是治疗肢体麻木的有效证据。1784年的一项研究对催眠术进行了"科学"调查。一棵树被磁化，病人被告知站在树前就能得到治疗，但被带到另一棵树前的病人病情仍然好转。他们痊愈的真正原因是他们的信念，而不是磁力。我想知道，我们现在使用的治疗方法中，有哪一种会像今天的我们一样，让未来的人听起来觉得奇怪。

关于安慰剂，有两点需要特别小心。首先，要确保它们确实是安慰剂，或令人愉悦，或至少无害。站在一棵没有磁化的树前，和在身上涂满水蛭是完全不同的。另一个是因果关系的归因，我们必须记住，安慰剂只是一种催化剂，让心灵去治愈身体——或者，我们可以更好地说，让心灵/身体去自愈。

很多时候，无关紧要的安慰剂本身就被归功于此。例如，顺势疗法采用极度稀释的天然物质混合物来治疗疾病，这些混合物被稀释了数万亿倍。这很好，事实上甚至可能比糖丸作为安慰剂更好，因为糖会引起一些生理反应,而顺势疗法与喝水没有区别。不过,如果顺势疗法有效,我们应该注意把功劳归于病人,而不是饮料,是人体带来了治疗效果。

如果我们不牢记这些注意事项,就可能陷入无意识的因果循环:顺势疗法有效?很好,这证明顺势疗法有效;顺势疗法无效?那可能是因为我们做得不够,所以我们应该加大剂量。

就饮用水而言,这可能相对无害,但将完全相同的逻辑应用在水蛭治疗中,意味着我们最终可能会给人放上太多的水蛭。在这两种情况下,如果情况没有好转,也许是时候用心寻找更多的替代品进行探索,而不是无意识地继续尝试同样失败的事情。马修·萨伊德(Matthew Syed)在他的著作《黑匣子思维》(*Black Box Thinking*)中将这种"水蛭式思维"称为"闭环思维",这是一种可悲的、无意识的过程,在这个过程中,再多的数据或证据也无法得出任何新的结论[5]。

安慰剂的力量

无论是给人吃糖丸、注射生理盐水,还是做假手术,只要有人相信这种治疗方法能够治愈疾病,往往就会治愈。其中有一个例子更令人震惊:病人被告知吐根酊能止吐,结果真的止吐了,尽管吐根酊是一种诱导呕吐的药物[6]。许多患者在接受抗生素治疗后病毒性咽喉炎会好转。但是，抗生素对细菌感染有很强的抑制作用，但实际上对病毒感染没有任何已知的医疗效果。精神病学家欧文·基尔希（Irving Kirsch）曾做过一项有趣的研究，结果表明，人们只有在摄入咖啡因并知道自己摄入了咖啡因的情况下，才会因咖啡因而感到"紧张"[7]。

我们还知道，越是艰苦的治疗越可能有效。因此，假手术比注射更有效，而注射比药片更有效。假手术的数据令人惊叹，1959年，心脏病专家伦纳德·科布（Leonard Cobb）对计划接受乳内动脉结扎手术的患者进行了跟踪调查，这种手术可以收缩血管以减轻胸痛[8]。他发现，接受假手术的病人与实际接受该手术的病人的表现没有好坏之分。两人都表示胸痛症状立即得到缓解，而且缓解症状至少持续了三个月。

研究还测试了假手术是否与传统手术一样好（参与者都签署了同意书，告知他们可能属于安慰剂组）。其中一项研究考察了颅内胎儿神经细胞植入对帕金森病患者的疗效[9]。假手术组的患者接受了麻醉，外科医生在他们的头上钻了一个洞，让患者感觉"手术"是真的，但没有植入神经细胞，其效果与实际手术一样好。在另一项研究中，膝关节手术与假手术进行了比较，假手术只做了切口，但没有进行实际的手术[10]。关节镜手术并不比假手术更有效，医生对患者进行了为期两年的疼痛和行走能力测试，两年后，假手术和真手术效果没有区别。

虽然我们中很少有人必须接受这类手术或程序，但关于创伤性较小的安慰剂的有效性的研究结果也不胜枚举。在一项研究中，疣被涂上了鲜艳的颜色，患者被告知当颜色褪去，疣就会消失[11]，结果疣真的消失了。有人告诉哮喘病人，他们吸入的支气管扩张剂会增加呼吸道的扩张，尽管他们使用的是没有任何活性药物的吸入器，但症状还是得到了明显缓解[12]。智齿拔除后疼痛的患者在接受假超声波治疗后，其疼痛缓解程度不亚于真超声波治疗[13]。52%的结肠炎患者在接受安慰剂治疗后表示感觉好多了；50%的患者在接受安慰剂治疗后，通过乙状结肠镜观察，发炎的肠道看起来也好多了[14]。

行为经济学家丹·艾瑞里（Dan Ariely）和他的同事发现，我们为药片支付的费用越多，药片的效果往往越好[15]。让我们思考一下这个问题。如果两个人服用完全相同的药物，但花费却不同（或者一个人一次服用昂贵的药片，而另一次服用价格更低的同一种药片），那么是什么原因导致了健康状况的差异呢？不知何故，他们对病情改善的期望基于治疗费用的高低，实际上转化成了可衡量的改善。那么，如果是你自己让自己变得更好，你可能会问，为什么还要费劲地吃药呢？也许这是因为我们已经开始依赖药物和医疗，而不是经常给自己一个机会，让自己在没有药物和医疗的情况下变得更好。

在另一项研究中，学生们被要求记录他们的感冒情况、所服用的缓解药物及其疗效。结果发现，那些按标价而非折扣价购买感冒药的学生，感冒好得更快[16]。在另一项研究中，这些研究人员同样发现，那些喝了高价能量饮料的学生感觉不那么疲劳，而且在完成一项认知变位任务时表现得更好[17]。这就提出了一个道德问题。我不认为改善健康的答案就是提高价格。重要的是，这些研究结果支持了这样一种观点，即我们的信念对我们的健康至关重要。

我们甚至对药片的颜色也有期待。研究发现，黄色对抑郁症最有效[18]；绿色对焦虑症有好处；白色对溃疡有好处，即使它们只含有乳糖（乳糖对治疗溃疡无效）；红色药片对补充能量有好处[19]。

某些词语也能起到安慰剂的作用：它们的力量可能就像一颗药丸，但不难下咽。正如安慰剂药片对身体反应的调节作用一样，词语也经常会无意识地引起行为或态度上的反应。在我最早的一些研究中发现，"因为"这个简单的词能说服人们采取行动，即使它没有伴随任何新的信息[20]。我们走近排着长队等待使用复印机的学生，问他们："我可以使用复印机吗？"或者"我可以使用复印机吗？因为我需要复印。"请注意，他们并没有提出使用复印机的特别理由。尽管如此，很多人还是咽下了"因为"，让我们排在他们前面。

伦敦大学学院数学教授艾伦·索卡尔（Alan Sokal）以类似的方式测试了语言的力量[21]。他向学术期刊提交了一篇无厘头的论文，提出量子引力是一种社会和语言建构。由于量子引力这样的词汇具有重要的意义，它们通常会被不加置疑地接受。索卡尔的论文被接受并发表，因为用他的话说，"论文中加入了大量无稽之谈，（a）听起来不错，（b）迎合了编辑们意识形态上的先入为主"。

还有一个有趣的团队进行了"申诉研究"，他们是：哲学家彼得·博格西安（Peter Boghossian）、数学家詹姆斯·林赛（James Lindsay）、作家和英国文化评论家海伦·普鲁克罗斯（Helen Pluckrose）[22]。他们撰写并提交了20篇文章给学术刊物，这些文章涉及的事情表面上看起来似乎很离谱：狗参与强奸文化，用女权主义语言重写希特勒的《我的奋斗》等。他们的目的是要表明，学术期刊出版已经出现了缺乏学术严谨性的现象，只要是出自资历深厚的人之手，即使是荒诞不经的话题也能见诸报端。令人惊讶的是，他们的文章中只有6篇被拒。其中4篇已经发表，另外3篇已被接受并准备发表，还有7篇在骗局被揭穿时仍在审核中。说到药丸和词语，我们有强烈的期待。正如保罗·西蒙（Paul Simon）所说："一个人只听他想听的，其余的一概不理。"

医学的真相

要将药物推向市场，制药公司必须在研究中证明，在随机对照临床试验中，药物比安慰剂更有效。很多人不知道的是，有无数的研究表明，安慰剂与药物一样有效，甚至优于药物，但这些研究没有被接受发表，这就是我们从未听说过这些研究的原因。我们应该从这些研究中了解到的不是某种药物无效，而是安慰剂的效果如何，尤其是因为药物通常有副作用，而安慰剂通常没有。我相信这使得安慰剂成为我们最有效的药物。

如果研究参与者预期会出现副作用，但最终却没有出现，那么他们可能会认为自己是安慰剂组的，从而认为"药物"不起作用；如果真药组的参与者出现了副作用，那么他们可能会认为自己是真药组的，从而期待药物起作用。副作用越大，认为自己属于药物组的信念就越强烈，因此，即使药物的效果优于安慰剂，也可能是信念的作用。

2009年的一项研究讲述了一位病人的经历。他的腋窝、腹股沟、胸部和腹部都长有橘子大小的肿瘤[23]，医生认为他只有不到两周的生命。后来，他服用了一种新的实验性药物，肿瘤消失了。后来在一次试验中，他服用的药物被宣布无效，当他被告知试验结果时，他的肿瘤又出现了。然后，他又服用了一种被称为"双倍强度"的药物（但实际上是安慰剂），肿瘤又消失了。当他得知这种药物也毫无价值时，已经两个月没有症状的他几天后就去世了。

我还认为，一些临床试验之所以取得积极成果，可能是因为它们鼓励人们注意症状的变化。我们服用一种药物，期待它产生效果，然后我们会注意到自己感觉上的细微差别。因为所有症状都会有变化，所以经常会有改善的时候，这些观察结果可能会增强我们对药物疗效的信心。对抗抑郁药物的研究支持了这一观点，因为人们对安慰剂研究了解得越多，安慰剂的效果在他们身上就越被放大。他们会寻求改善，并且会发现改善[24]。此外，有证据表明，实际药物对那些表现出强烈安慰剂效应的人效果最好。下一章将对此进行详细介绍。

尽管如此，许多非专业人士还是经常误认为安慰剂是虚幻的。但这些人中也有很多坚信神经科学，因为按照他们的逻辑，如果你能证明大脑中发生了什么，那它就一定是真实的。但研究表明，大脑对安慰剂的反应和对药物的反应是一样的。正如医生兼作家杰尔姆·格罗普曼（Jerome Groopman）写的那样："……也许我们对大脑的发现越多，就越容易忽视身心之间的明显分界。"

例如，达特茅斯学院的神经科学家托尔·瓦格（Tor Wager）及其同事进行了一项非常有趣的研究，他们研究了当我们在不知情的情况下服用安慰剂时大脑中会发生什么[25]。他们利用功能性磁共振成像发现，安慰性镇痛剂会减少"大脑疼痛敏感区域（丘脑、岛叶、前扣带回皮质）的活动，而对疼痛的预期与前额叶皮质活动的增加有关"。也许某些遗传倾向会促使我们产生不同的反应，但我相信安慰剂效应对我们每个人都适用。如果你同意在觉知身体的任何层面上发生的任何事情都会在每一个层面上发生，那么研究人员在大脑的不同部位寻找安慰剂效应的证据就很有可能找到它。

你相信谁？

我的网球打得不好，有一天，我问专业教练我的球拍是否需要重新上弦，她问我上次重新上弦是什么时候，因为我也不记得了，于是我们决定现在就做。等我用新装的球拍打球时，我的球技比之前更好了。是因为球拍，还是因为我的期望让我的比赛更加专注？如果是后者，那就是我掌控了自己的表现；如果是前者，那就是球拍说了算。

安慰剂也是如此。在我们不知道的情况下，很多人都服用了安慰剂来帮助治疗。如果我们把症状减轻或治愈归功于处方药——其实它只是安慰剂——我们就会继续依赖药物。如果我们被告知药物只是安慰剂，我们会好多少？下一次症状出现时，我们是否会试着更多地控制自己的健康？

虽然医生不愿意告诉我们他们给我们开了安慰剂，但也许应该对这一不成文的规定提出疑问。不管我知道什么，如果我生病了，吃了一片"药"并康复了，而这是由于安慰剂的效应，那么是谁治愈了我？显然，如果药片是无效的，那么我一定是自己痊愈的。如果医生告诉我这一点，让我意识到是我自己治好了自己的病，那么我今后是否更有可能控制自己的健康呢？医生之所以不告诉我这是安慰剂，可能是因为她认为这样做会让人对她开出的下一个处方产生怀疑。这是一种权衡：告诉我这是安慰剂，以增强我对自己健康的控制，还是会引发我不再相信药物疗效的风险。换句话说，是增强我对自己的信心好，还是增强我对药片的信心好？

关于"开放标签安慰剂"的研究越来越多。事实上，早在1965年，研究人员就研究过给明知道将服用的是安慰剂的人服用安慰剂的效果[26]。他们发现，这种透明性并没有使药片失效。也就是说，服用安慰剂并知道它是安慰剂仍可能减轻症状。最近，有人对癌症幸存者进行了开放标签安慰剂试验[27]。在一些病例中，癌症已经消失，但疲劳仍然存在。其他科学家研究了安慰剂与治疗相比对仍有疲劳症状的癌症幸存者的影响[28]。在为期三周的时间里，一些参与者服用了标有安慰剂的药片，另一些人则照常接受治疗。尽管被贴上了安慰剂的标签，但它仍然产生了积极的效果。我认为，这表明只要诱导患者产生积极的期望，开放标签的安慰剂方法仍是有效的。

自发缓解之谜

正如我在前言中所述，我母亲的癌症经历给我留下了许多未解之谜。当她发现自己腋下有个肿块时，医学界接手了。他们安排了活组织检查，以确定原发部位是否在她的乳房。我问他们，如果是的话会采取什么措施，他们说要做根治性乳房切除术。我问，如果原发部位不是乳房，下一步会怎么做，他们说也会进行根治性乳房切除术。如果在两种情况下他们都打算做乳房切除术，那为什么还要让她再做一次活检呢？我当时还年轻，所以只是问了一些恼人的问题，对情况并没有什么影响。

她接受了手术，回家休息了一段时间，但随后的CT扫描显示她的癌症加重了。此时，尽管我相信自我感知控制的重要性，但我还是控制了她的生活。我尽量不让任何对她感到遗憾或悲观的人来看她。我和她分享了一些康复得很好的人的故事，甚至让其中一个在医院做检查的人去看望她。这位女士告诉她，医生说她只能活6个月，女人以为这是真的，几乎花光了所有的钱，结果现在18个月过去了，她还活着，却没有钱来帮助她享受生命。

母亲在接受化疗时感到恶心、头发脱落，似乎一切都白费了。接下来的一系列扫描显示，癌症已经扩散到了她的胰腺，这似乎是最后的结局。医生告诉她只能再活几个月了。

然后，她的癌症消失了。扫描结果没有任何痕迹，它就这样消失了，这是一种自发的缓解。

由于这只是一个样本——没有对照组，过去和现在都无法确定——她的遭遇该如何解释？从那时起，我就对自发缓解产生了浓厚的兴趣。

自发缓解确实会发生，医学界对此没有很好的解释。你可能会认为，自发缓解的出现将有助于摆脱癌症的标签，因为这个人现在已经没有癌症了。但遗憾的是，我不这么认为。希望今天的医生不再在自发缓解后大声说"会复发的"（就像他们在我母亲的病例中那样），但他们很难不这么想。根据他们的经验，他们看到的都是自发缓解后病情逆转、复发的病人，他们很少看到永久治愈的病人，因此他们有理由推断，大多数自发缓解最终都会失败。但我们其实不知道是大多数成功还是大多数失败。

然而，从病人的角度来看，他们发现自己病情好转的那一刻是重要而微妙的。也许可以通过一些方法来培训医生，让他们以一种可持续的、用心的方式来传达这个好消息。称其为奇迹或无法解释的现象，并建议按时复诊，这些都会给本应令人欣喜若狂的治疗过程蒙上一层无谓而悲观的阴影。相反，如果医生在这种情况下提醒病人注意心理的力量，注意身心合一，注意尽管还有许多研究正在进行、癌症的作用方式还有许多未知之处，但自发的永久性缓解确实会发生，这时病人完全清醒、健康，与其他类似的健康人相比不需要更多的监测——"请每年给我寄一张节日贺卡"，而不是"我们每个月都要检查你的血常规"的出院指导——可能要好得多。或者简单说一句："你现在可以走了，但我会想念你的，所以两个月后给我打个电话问候如何？"

疾病在没有医疗干预的情况下痊愈，这无疑是医学界的一个重大课题。然而，自发缓解的实例为身心合一提供了进一步的证据：当我们的大脑完全相信自己已经康复时，身体也会随之发生明显的变化。然而，在被诊断出患有可怕的疾病后，我们很难将疑虑抛在一边。

乔治城医学院医学教授、医学博士詹姆斯·戈登（James Gordon）说："科学界常常忽视自发缓解的病例，因为它忙于寻找统计平均数。这不是好的科学，只是方便的科学。即使这些'奇迹'几乎从未发生，它们仍是统治范式的例外，不可避免地会创造出新的研究领域。"[29]

虽然自发缓解似乎远远超出了正常范围，但我并不确定它们的发生率到底有多低。毕竟，由于许多人在生病时都不会去看医生，因此我们无法知道他们当中有多少人的疾病会在他们甚至不知道自己患病的情况下自发缓解。此外，我们都知道有一些患病者的寿命比预期的要长很多。我猜想，这些人中有相当多的人并没有打电话向医生报告他们仍然活着，因此他们的人数可能没有被纳入正式的医疗统计中。

卡尔顿大学的加里·查利斯（Gary Challis）博士和卡尔加里大学的亨德库斯·斯塔姆（Henderkus Stam）博士回顾了许多自发缓解的病例并得出结论，虽然几乎没有数据可以解释自发缓解的发生，但行为模式和有关幸存者信念的逸事证据起到了一定的作用[30]。加利福尼亚大学伯克利分校的研究人员凯莉·安·特纳（Kelly Ann Turner）采访了来自11个国家的人，发现了相似的行为模式，其中包括更积极、更信任他人、更灵活和更多服用维生素[31]。当然，我们不知道这些特征是对生存的反应，还是这些属性在其中起了作用。其他研究人员发现，许多癌症幸存者相信有更高的力量可以治愈身体，这表明我们的信念很重要，会影响我们的身体。

一旦被诊断出癌症，我们就很难相信自己是健康的。然而，从1978年我母亲的癌症消失至今，我一直坚信，如果我们的心理完全健康，我们的身体也会完全健康。因此，在我看来，心理学或许能为自发缓解之谜提供答案。时间和研究将会告诉我们答案，但目前可以肯定的是，只要这种信念不会让我们拒绝医疗护理，其弊端就微乎其微——排除只有一种可能性。

如果我是对的，我们的大脑比大多数人想象的更能控制我们的健康，那么这是否意味着那些屈服于不健康和疾病的人要为他们的状况负责呢？当然不是。但是，如果我们出生以来的文化几乎无时无刻不在教导我们心理和身体是相互独立的，那么我们相信这一点也就不足为奇了。这与学校教给我们的东西被证明是错误的没有什么区别。如果人们相信1+1总是等于2，这并不能怪他们，因为他们接受的就是这样的教育。然而，一朵云加上一朵云等于一朵云，一堆衣服加上一堆衣服等于一堆衣服，一包口香糖加上一包口香糖等于一包口香糖，等等。因此，1+1并不总是等于2。事实上，如果我们使用的是二进制数制而不是十进制数制，1+1就会被写成10。随着我们实验室和其他实验室在身心合一方面的研究成果不断积累，到某一时候，我们可能都会被教导如何创造觉知身体。不过，我们现在就可以利用这些研究成果，并因此变得更加健康。

融入觉知

我在大学期间就开始阅读有关压力心理学的书籍，并逐渐相信压力很可能是比心脏病和癌症更严重的杀手。每进行一项健康研究，我都会更加确信压力的破坏性影响。

为了继续研究压力对疾病的影响，我首先给一些著名的肿瘤学家打了电话。其中有几位对这样一个问题很感兴趣，即对一个人进行压力测量，其压力值是否可以预测疾病的进程。举例来说，如果我们能够知道刚刚被告知患上癌症的人的压力水平，那么他的压力反应是否会比最初的诊断更能说明疾病的进程和最终发病的可能性呢？

不难看出，要收集这样一项研究的数据是很困难的。每位医生在同意我可能是对的之后，都列出了所有可能出现的问题。当人们第一次发现自己患有某种可怕的疾病时，他们不太可能愿意参加研究。再往后，要对病人进行配对，以确保除了压力程度的所有因素都相同，这也是非常困难的。随着病情的发展，压力水平也会发生变化。即使能够设计出一项研究，可是谁来资助它呢？资助医学研究的机构可能会认为这项工作是心理学的研究，不属于他们的研究范围；同样，心理学研究的资助者也可能认为这项研究超出了他们的兴趣范围。然而，每年都会有研究特定疾病的人就压力对其感兴趣的特定疾病的影响得出相同的结论。与此同时，压力的作用正变得越来越清晰，就像许多人曾经激进的想法一样，最终可能会被认为太明显而无法验证。

但是，身心合一所涉及的不仅仅是压力对我们健康的负面影响。我的学生朴昌模、弗朗切斯科·帕格尼尼、安德鲁·里斯、德博拉·菲利普斯和我进行了几项关于糖尿病、免疫功能和各种慢性疾病的研究，以检验身心合一假说[32]。我们招募了 2 型糖尿病患者参与一项据称是关于糖尿病对认知功能影响的研究。在我们测试了他们的血糖水平后，参与者一边玩简单的视频游戏，一边看桌上的时钟，并被要求每隔 15 分钟左右换一个新游戏，以确保他们会看时钟。

2 型糖尿病患者知道，他们的血糖水平每隔几个小时就会根据他们的生物学特性而变化。他们很少相信血糖会因信念而变化。然而，我相信它会变化。自从 2002 年我吃了第一个甜甜圈后，我就萌生了这个想法，并一直坚持了下来。如果你看着甜甜圈，闻着它的香味，想象着吃它的样子——除了实际食用之外的一切——你的血糖会升高吗？我终于有机会一探究竟。我们研究的参与者被随机分配到三个设置不同条件的组里：一组参与者面前的时钟是实时的，另一组参与者面前的时钟运行速度是实时时钟的两倍，最后一组参与者面前的时钟运行速度是实时时钟的一半。我们要研究的问题是，血糖水平的变化是跟随真实时间还是感知时间的。任务后的测量结果显示，感知时间比实际时间更重要，并且其他测量结果排除了压力或享受等其他解释。

在第二项研究中，朴昌模和我研究了心理因素对糖尿病新陈代谢的影响。同样，人们普遍认为这一生理过程不受主观认知特异性的影响。具体来说，我们测试了感知到的糖摄入量差异是否会对 2 型糖尿病患者的血糖水平产生影响。我们的假设是，即使实际糖摄入量保持不变，感知到的糖摄入量也会对血糖水平产生影响。我们邀请 2 型糖尿病患者两次品尝饮料，每次间隔三天。我们确保他们查看了饮料上的营养标签，尽管在整个研究过程中两种饮料的实际含糖量完全相同，但我们每次都会更换标签。当测量饮用这些饮料前后的血糖水平以跟踪其变化情况时，我们发现血糖水平反映的是感知到的糖摄入量，而不是实际的糖摄入量。当标签显示饮料含糖量较高时，人们在饮用后血糖会飙升。

有研究表明，西蓝花有助于促进胰岛素敏感性，降低 2 型糖尿病患者的血糖水平。想一想巴甫洛夫的经典条件反射实验。如果每次吃西蓝花时都先闻一下它的味道，我想人们就会对这种味道产生条件反射。如果是这样的话，仅仅闻到西蓝花的香味就能降低血糖水平，从而帮助 2 型糖尿病患者。最后，想象一下吃西蓝花也会有同样的效果。一旦我们认识到身心合一，就会想到各种可能性。

我们中的许多人可能都知道，对气味的感知（嗅觉）占对味道感知的85%。当我们鼻塞时，食物就会失去一些吸引力。临床试验结果表明，气味可以提高食欲、抑制食欲和改变对食物的渴望，这一点并不奇怪。由此，气味便为饱腹感和减肥提供了机会。先闻一闻羊角面包，我们就会想多吃一点；闻到巧克力的香味，我们又会想吃更多。另一方面，如果我们在吃羊角面包或巧克力之前先闻到牛排的香味，我们则可能会减少吃面包或巧克力的量。这说明我们可以用有趣的方法来利用气味控制体重。但是，体重并不是唯一可以通过有意识地利用嗅觉的力量改变的东西。

当普鲁斯特吃下浸泡在姨妈调制的石灰花中的马德琳面包屑时，他的脑海中涌现出了对过去的回忆，这比他所知道的还要重要。来自过去的气味和味道让过去变得生动活泼，因此可以帮助实现上文所述的逆时针效应。

阿里·克鲁姆和她的同事进行的一项研究为身心合一提供了更多支持[33]。这项研究一定很有趣，因为参与者都喝到了奶昔。然而，其中一些人被引导认为奶昔的热量很高（准确地说是620卡路里），而另一些人则认为奶昔很"低热量"（只有140卡路里），尽管事实上这两种情况下的奶昔热量是一样的。研究人员测量了胃泌素，也称为饥饿激素。它在胃中产生，饭前分泌量最高，此时我们容易感到饥饿。当他们认为自己喝下了极易发胖的奶昔时，胃泌素会急剧下降，这与他们的饱腹感一致。

在我们最近的一项研究中，我的研究生彼得·昂格尔（Peter

Aungle）带领我们实验室的成员研究了伤口愈合是感知时间还是真实时间的函数[34]。当然，机构审查委员会不会同意我们为了验证假设而刻意制造大伤口是个问题。因此，我们招募了一些人参与一项研究，评估中国拔罐疗法的有效性。拔罐疗法是将罐放在身体某个部位，以增加该部位的血流量，从而帮助细胞修复、减轻疼痛并增加气或生命力。拔罐时会在放置的部位留下一个圆形的瘀伤。然而，我们的目的也只是制造一个小"伤口"，并观察伤口愈合的速度与期望值的关系。我们要求参与者每隔几分钟监测一次伤口，每个参与者都经历了三个环节。在其中一个环节中，他们观察的时钟被操纵，使其运行速度是真实时间的两倍；在第二个环节中，时钟的运行速度是真实时间的一半；在最后一个环节中，时钟显示的是真实时间。参与者体验不同时钟时间的顺序被系统地改变了。伤口愈合是根据真实时间还是感知时间？伤口的愈合确实是根据感知时间而不是真实时间。也就是说，与真实时间相比，时钟走得快，伤口愈合得就快；时钟走得慢，伤口愈合得就慢。

我们的另一组研究考虑了免疫功能以及对普通感冒症状和免疫功能的"反安慰剂效应"[35]。反安慰剂效应与安慰剂效应恰恰相反——对治疗的消极预期会产生负面结果。在我们的调查中，我们想知道，没有接触感冒病毒的情况下期望是否会导致感冒。我们进行了两项研究，以验证这样一个假设：在没有接触感冒病毒的情况下，只要相信自己感冒了，就会增加出现感冒症状的概率。我们使用了两种干预措施来制造一种对出现感冒症状的恐慌心态：（1）在这种干预措施中，参与者被要求表现得好像他们感冒了；（2）在这种干预措施中，参与者被告知他们正处于感冒的早期阶段。自我诱导和启动心态都导致了感冒症状的增加，并在研究结束时提高了感冒发病率。我们还观察到了参与者免疫球蛋白的变化——这种抗体能够抵抗病毒和细菌，保护我们的黏膜。

在这些实验中，参与者到达实验室后，研究人员会从他们的唾液中提取免疫球蛋白A（IgA）样本。在普通感冒病毒存在的情况下，免疫球蛋白A水平会升高，因此其水平会告诉我们干预措施是否能成功诱发感冒。我们还使用普通感冒问卷评估了感冒症状，该问卷评估了四个方面的症状：一般症状、鼻部症状、咽喉症状和胸部症状。一半的参与者被要求想象自己患有感冒，想象感冒症状，同时他们周围会出现与感冒相关的刺激物，如纸巾、鸡汤和凡士林，这些参与者还观看了人们咳嗽和打喷嚏的视频。第二天，当实验组参与者返回时，他们被告知其唾液样本表明他们已进入感冒初期。他们再次提供了唾液样本，并第二次填写了感冒问卷。

对照组接受了与实验组相同的问卷调查，但这些参与者观看了一段关于编织的中性视频。6天后，我们给两组参与者都打了电话，询问他们是否感冒。38%被提示感冒的人患上了感冒，而对照组中只有5%的人患上了感冒。

被告知感冒是一种相对被动的情况，即使是由你认为是医生的人告诉你的。而如果你主动想象自己感冒了，会发生什么呢？一方面，你失去了医生告诉你感冒了的被动信念和可信度；另一方面，这是一个更加主动的心理过程。我们发现后者更有说服力：主动想象感冒会导致更多类似感冒的症状。换句话说，主动想象比被动接受外部信息更能产生立竿见影的效果。然而，随着时间的推移，效果却不同了：被动条件下的参与者更有可能在一周后报告自己感冒了。也许想象力起效更快，但消退也更快，而被"诊断"感冒的信息会在大脑中徘徊几天，从而建立起可信度。

最有效的是我们在另一组人身上实施的双管齐下的组合。这些参与者首先被要求主动想象自己感冒了，然后再由一名"医生"告知他们确实感冒了。在这一组中，自述感冒的人最多。换句话说，他们是最相信自己感冒的人。但他们真的感冒了吗？是的——他们升高的免疫球蛋白A水平表明他们的身体确实在抵抗感冒。

综上所述，似乎不感染感冒病毒也有可能患上感冒。

当然，感冒并不一定是突然出现的——可能在这两项研究中，休眠病毒都被激活了。如果参与者能用意念激活休眠病毒，那么想象他们也能阻断或减轻活跃病毒的侵袭也并非不可。

人们可能会认为，医学学者对这些结果的自然反应会是惊讶或怀疑。然而，从审阅我们研究结果手稿的医生的报告中，我们发现情况恰恰相反。一位审稿人在阅读了我们关于如何在没有任何空气传播病毒的情况下诱发感冒的研究后认为，我们已经发表了关于糖尿病的论文，所以这一研究没有原创性。就好像现在每个人都相信身心合一，因此不需要再做研究了。他们认为，没有接触过病毒的人也会出现病毒症状，这是显而易见的。如果是这样的话，那么相反的情况似乎也是正确的，整个感冒药行业就可以被关闭。

正如叔本华所说："所有研究都会经历三个阶段：首先，它受到嘲笑；然后，它遭到激烈反对；最后，它被视为不证自明而被接受。"因此，不仅仅是思维方式难以改变，而是一旦改变，人们就会表现得好像他们一直都知道一样。下一位期刊编辑虽然接受了我们的研究稿件，但显然还没有达到第三个阶段。

可悲的是，身心二元论的信念依然根深蒂固。撇开歇斯底里等精神疾病不谈，人们对大多数疾病——从普通感冒到癌症——的普遍看法仍然是，生病就一定有细菌或病毒的侵入。然而，我们的实验室和其他心理学家的实验室所做的研究正在对这种观点提出疑问。即使是普通感冒，也可能是我们思想的产物。

我们的觉知研究正在质疑许多关于健康和幸福的假设限制。当我们克服对标签的被动接受、进行积极而非悲观的预期、认识到安慰剂的力量时，我们就能拓展健康和幸福的可能性。我认为，我自己和其他人已经进行了足够多的研究，可以最终让那些长期以来让我们无法成为最健康的自己的无觉知束缚消失。

第8章
关注变化：当症状改变而心态不变时

"……活人所患的任何疾病都不可能为人所知，因为每个活人都有自己的特殊性，总是有自己特殊的、个人的、新奇的、复杂的、医学上不知道的疾病。"

——列夫·托尔斯泰

"生存下来的不是最强壮的物种，也不是最聪明的物种，而是对变化反应最灵敏的物种。"

——查尔斯·达尔文

生活与现实一样是不确定的、总是在变化的。在某种程度上，我们知道这一点，因为我们注意到从好到坏的变化（尽管我们并不经常注意到从坏到好的变化）。然而，当涉及医疗诊断时，我们往往不接受这种不确定性；在没有医疗干预或医生告诉我们已经痊愈的情况下，我们倾向于假设我们的诊断将保持不变，我们的症状将保持不变，我们对这些症状的反应也将保持不变。当我们发现自己患有某种慢性疾病时，情况更是如此。正因为它被贴上了慢性病的标签，我们才会无意识地认为症状会保持不变，甚至会变得更糟。

虽然我们的健康或症状可能变化不大，但仔细观察就会发现，它们时好时坏。我认为，控制健康的关键可能就在于注意到这些微妙的变化。事实上，注意到微妙的变化，并询问为什么会出现这些变化，然后验证自己的假设，可能会对所有疾病产生重大影响。如果我们只是假设情况会保持不变或只会变得更糟，那么我们就放弃了一个看我们是否能够控制自己身体的机会。

请思考这样一个简单的问题：如果你被诊断出患有某种疾病，但在一天中的某个时间点并没有出现相应的症状，那么你还患有这种疾病吗？我们去看医生是在一个时间点上。在就诊过程中收集的信息——胆固醇水平、视力、血压、疼痛程度、脉搏等——被记入我们的档案，作为我们就诊当天的健康快照。这些水平和健康指标并不是完全静止的，它们在一天、一周和数月中都在波动，但我们通常对这些波动视而不见，无意识地将这些数字视为固定的或是基线。一旦我们得到诊断，同样的情况也会发生。我们倾向于把自己的症状视为固定不变的，而实际上它们是在不断变化的：有时疼痛加剧，有时疼痛减轻。回到那个简单的问题：在没有症状的情况下，我们不是健康的吗？

当就这些观点进行演讲时，我有时会问听众是否有人知道自己的胆固醇水平。当我问到他们的胆固醇水平时，一些为自己的数字感到自豪的人很快就会举手并说出自己的数字。然后，我问这个数字是什么时候收集的。通常情况下，人们会说至少 6 个月前，但即使他们说"昨天"，我也会继续问下去："那你从那以后就没有进食或运动过吗？"如果这时他们还不明白，我就会追问："如果你再也不检查，你就会健康地死去。"

反之，当我们预期会出现某种症状时，我们往往会用它来解释几乎所有的事情，而对其他解释视而不见。例如，假设你患有关节炎，那么当你某天早上醒来发现肩膀特别酸痛时，你并不会感到惊讶。但是，你所经历的疼痛是关节炎的作用，还是因为晚上睡得不好，或者前一天晚上看电视时坐的姿势很别扭？如果疼痛的根源是床或沙发，那么您可以做出一些改变来避免肩部疼痛。但是，我们过度适应自己的状况，对这些潜在的解决方案视而不见。

那么，我们到底应该怎么做呢？我们不仅要注意有症状的时候，还要注意没有症状或者症状程度不同的时候。我们需要注意症状的变化。然后，我们需要问问自己，为什么在某一时刻症状会好转或恶化？

注意可变性、不确定性和觉知

虽然医疗专业人员必须使用一定的词汇来概括健康和疾病的复杂性，例如将一个人的癌症称为第 3 期或第 4 期，但大多数医生已开始将病人视为个体，他们尽可能避免一刀切的治疗方法。然而，我们每个人不仅在某些方面与其他人不同，我们自己也一直与我们自己不同。事实上，我们每个人都不是原来的自己。在任何时刻，组成我们身体的原子都与前一刻不同。事实上，每隔7~10年，我们身体中几乎100%的原子会换新。

让我们简要地考虑一下这对药物治疗的影响。药物不是在基因克隆人身上测试出来的；测试池中的人有高有矮，有胖有瘦，或者新陈代谢有快有慢。尽管我们每个人的处方剂量都至少考虑到了我们的体重，但我们常常无觉知地服药，仿佛药物就是为我们量身定做的。无论摄入什么药物，我们都需要与自己的身体保持一致，并注意到微妙的影响。这样，我们就可以与我们的医疗团队讨论多吃一点、少吃一点甚至停药的想法，以提高整体效果。

但是，尽管医生们理解不同的人可能会有不同的症状，但他们对"特定症状会因个体差异而不同"这一观点并不那么敏感。当然，如果被问及症状是否总是相同，医生肯定会回答"不"，但他们通常不会关注这些可变性。指望医疗机构每天都给我们做眼科检查、测量血压、脉搏、体温或做血液检查是不合理的，更不用说每小时了。然而，我们的一切都在不断变化。

疾病也不是一成不变的。我们对疾病恒久不变的看法是一种错觉，可能会让我们付出健康的代价。如果我们随着时间的推移来看待自己，我们就会看到变化。如果我们从微观层面观察自己，我们就会看到变化。但是，我们却不太了解我们日常经历的微小波动。

许多感觉被认为是症状。但是，我们要有多少次症状才有资格被贴上"疾病"的标签呢？谁说了算？一旦我们接受了这个标签，我们就会忽略所有的不确定因素，并沉迷于相信诊断不仅准确而且是永久性的。注意变化可能会减少我们认为疼痛证实了我们的诊断的倾向，即使关节僵硬可能是园艺工作时间太长的结果而非因关节炎。

我经常向听众提出另一个问题来说明这一点。我找到一个戴眼镜的人，问他们是什么时候开始戴眼镜的，有没有摘下眼镜测试过不戴眼镜时的视力。绝大多数人都表示，他们的眼镜是为阅读而配的，每次拿起东西阅读时都会戴上眼镜——不管字体有多大，内容有多熟悉。戴着双焦或三焦眼镜的人总是戴着眼镜，对一时的需要视而不见。我建议他们应该注意到自己视力的变化，让自己摆脱这些"拐杖"不是更好吗？如果他们这样做了，他们可能会意识到，例如他们下午晚些时候的视力不如上午好，这时除了戴眼镜，他们还可以选择吃能量棒或打个盹。

当然，如果一个人的视力严重受损，那么一直戴眼镜也是合理的。对我们其他人来说，改善视力的可能性会唤起其他改变的可能性，而这些改变在以前看来是不可改变的。助听器的情况也是如此，因为助听器可以很容易地安装或拆卸——你可以在不需要医生的情况下进行试验。

服用泻药的情况也一样，换位思考一下。如果偶尔需要也无妨，但是如果你每天都服用泻药，你就会让你的身体学会等待这种帮助来排便。你会对泻药产生依赖。在我看来，这与过度依赖眼镜和助听器没什么区别。

有一次，我向一位朋友打听她正在服用的一种药，她告诉我那是一种无须处方的软便剂。我问她多久吃一次，而她说每天都吃。难道她不应该考虑一下她吃的食物的数量和种类，是否需要每天服用软便剂？毕竟，吃水果和蔬菜与奶酪和爆米花是有很大区别的。或者说，吃得很少与吃得足以满足一个职业足球运动员的需求之间，或者多喝水与少喝水之间，都是有区别的。或许她正在服用另一种药物，而这种药物导致了她的便秘，那她是否可以考虑改变一下治疗方案？当我们盲目地遵循日常的医疗方案时，所有这些问题都会被放在次要位置——如果它们有一席之地的话。我们需要注意什么时候需要服用泻药，什么时候不需要。医生无法为我们做到这一点。医生是很好的顾问，但我们需要掌控一切。

一位朋友在读了本书的初稿后发现，当医生诊断他患有原因不明的甲状腺炎并告诉他基本上无计可施时，对变化的关注帮了他大忙。当他关注自己症状的变化时，他发现如果每天早些时候做剧烈运动，感觉会更好。这似乎"烧掉"了一些症状，让他更容易应对。医生们无论多么用心良苦，都不可能发现对我朋友的这种有效的治疗方法。也许晨练对其他人没有帮助，这就是为什么我们必须自己去看，这就是注意可变性方法的力量所在。

本书的另一位早期读者给我发来了她对这种注意可变性策略的使用情况："几个月来，我一直在断断续续地与眩晕症状作斗争。就在上周，我在半夜醒来，知道自己又被它抓住了——我在旋转、出汗，努力不让自己呕吐。第二天我去看了医生，做了一次'调整'（主要是诱发感觉，同时试图让耳石回到原来的位置），之后就好多了。但昨晚情况又变得糟糕起来，我躺在床上几个小时，熬过了最难熬的时候。大约一个小时后，我想起了你提出的注意可变性的想法，于是开始尝试将昨晚的症状与上周的症状进行比较，然后再比较我在大约 10 分钟内的感觉。不出你所料，我能够分辨出明显的高点和低点，而且还注意到昨晚的症状比上周的'发作'明显好转。我注意到，我的大脑已经明白，因此，尽管我的眼睛是这么说的，事实上我并没有跌倒或旋转，我的胃也没有像上周那样翻天覆地。这让我充满希望，也让我更加平静，最终我能够停止世界的旋转。"不用说，我们每个人都可以采用这种注意可变性的治疗方法。

一个人要多久喝一次酒才会有酗酒问题，由谁来决定？在这里，让我们利用"注意可变性"这一概念。你可以考虑写一本日记，每两个小时记下四种情况中的一种：你想喝酒、你不想喝酒、你喝了酒，或者你没喝酒。一周后再看你的日记，很可能每个类别都有一些条目，例如有时你甚至不想喝酒却喝了，有时你希望可以喝酒却没喝。这与许多问题饮酒者认为自己无法控制饮酒的想法截然不同。在什么情况下你不想喝酒，或者你想喝酒却拒绝了自己？对这些不同情况的关注会告诉我们，我们确实可以控制自己。我们也开始注意到，"外部"和"内部"的可变性之间并没有明显的区别。这让我们意识到几乎所有的事物都在变化，包括症状、感觉的强度、持久性以及在身体的哪个部位发生的变化。

在早期的研究中，我们发现通过注意心率的变化，人们可以学会控制自己的心率。我的学生劳拉·德利佐纳、瑞安·威廉姆斯和我要求参与者在一周内每天记录自己的心率，具体时间取决于他们所处的状态[1]。注意心率可变性组每隔 3 小时记录一次，同时记录下他们当时正在进行的活动，最重要的是，记录下他们的心率与上次测量时相比是增加了还是减少了，以便让他们更加注意心率变化。监测一周后，每个人都回到实验室被要求提高或降低心率，但没有说明如何操作。注意心率可变性组的人能够更好地做到这一点。此外，在我们的觉知量表中得分高的人对心率调节的控制能力更强，无论参与者被分配到哪种实验条件下。

在另一项实验中，我和我的同事西格尔·齐尔查-马诺（Sigal Zilcha-Mano）测试了对妊娠可变性干预的关注[2]。参加实验的妇女被要求在怀孕第 25~30 周时关注其感觉的变化（积极和消极）。我们发现，当孕妇关注她们所经历的感觉的变化时，她们怀孕的过程会更轻松，而且通过医生采取的一系列健康措施，她们所生的婴儿也更健康。为了评估新生儿的健康状况，参与者报告了出生时和5分钟后的阿普加评分。医务人员给出阿普加评分，并将其告知父母。阿普加评分是通过检查婴儿的5个标准来确定的：心率、呼吸力度、肌肉张力、反射性烦躁和面色。关注感觉变化组的阿普加评分明显更高。

通过关注感觉的变化、强度、身体内在状态的持久度以及时间等外部线索，我们会对自己的经历和感受有更多的了解。我们身体的哪个部位受到的影响最大或最小？随着时间的推移，感觉是如何变化的？这些变化如何影响我们的行为？注意到这些变化，我们就能重新掌控自己的健康，症状也就不再那么难以克服。

类似的观点也适用于更年期。更年期女性会每晚都感受到潮热吗？可能不会。她们可能会注意到，潮热有时会更加剧烈，注意这种变化同样会有所帮助。具有讽刺意味的是，我自己也错过了这一优势。多年前，我向一位朋友抱怨潮热。她很惊讶，因为我很少抱怨什么。她说："如果我向你抱怨潮热，你会告诉我我可以考虑潮热的好处，比如燃烧卡路里。"我突然很兴奋，因为我有了一个新的、不用节食的减肥计划。奇怪且现在想来几乎悲哀的是，从那以后我再也没有出现过潮热。

简而言之，注意可变性有助于我们看到症状的出现和消失，这有助于我们了解哪些情况和环境可能会导致这些波动，从而对其进行一定的控制。有了这种更强的控制力，我们就能找到原本无法找到的解决方案，更加乐观，压力更小，从而总体上更健康。

　　压力并不需要吞噬我们对健康的思考，但它往往在思考过程中起着核心作用。如果我们确信健康危机不会出现，但它真的出现了，我们就会被它当头一棒；如果我们确信疾病或伤害会发生，我们的恐惧就会随着每一个症状的出现而增加；如果我们不确定，但认为自己应该确定，比如当医生问我们出现这种症状有多久了，这也会增加我们的压力。

　　但是，还有第四种选择，它可以让我们实现我上面提到的那种控制。我们需要改变思维方式，承认不确定性，但保持信心。诚然不确定性往往会给人带来压力，但通过接受"唯一不变的就是变化"，我们可以利用这种不确定性的力量。如果我们承认没有人能够真正确定——一切都在不断变化，从不同的角度看一切都不一样——那么不确定本身就会减少压力。

　　自信但不确定意味着什么？当我们知道自己不知道所有答案但无论如何都愿意采取行动时，如果我们有信心，就更容易采取行动。通常情况下，人们会因为不确定而不敢采取行动。我应该这样做吗，我应该那样做吗？我无法确定，所以我常常什么都不做。一旦我们承认一切都是不确定的，不确定性就会成为日常生活的一部分，不会让我们停下脚步。当我们感到自信时，我们就会想要完成更多的事情，我们就会对自己的成就感到满足，也更容易为自己感到自豪。

当我们坦然面对不确定时，我们就会乐于接受新信息，也更有可能从错误中吸取教训。可能最重要的是，当我们不确定的时候，我们会乐于接受他人的建议和意见。

当我们感到不确定时，我们可能会问自己：为什么？这种不确定性的根源是什么？是因为我不知道，还是因为不可知？第一种观点是个人归因于不确定性，这会让我们感觉到自己的不足，让我们走上努力提高确定性的道路，以消除不确定感。但另一种更合理的观点是，没有人知道，这是对不确定性的普遍归因。我当然不知道，但你也不知道，其他人也不知道，也就是说：我所寻求的知识是无法完全确定的。

当我们把自己的不确定性归因于个人，对自己说"我不知道，但你知道"，我们可能会假装知道，这样我们就能保住面子，而这会让我们感到压力。相反，当我们将自己的不确定性归因于普遍性时，我们就会意识到，无论别人看起来多么确定，我们和别人并没有什么不同，因为确定性只是一种幻觉。当我们认识到这一点时，就很容易做到既自信又不确定。

不确定性可能是健康的关键。通过拥抱它，我们可以利用不确定性，在变化中找到优势，而不是回避它。觉知身体会从注意可变性中受益。

当症状变化时

许多老年人都会出现记忆力衰退的情况,这可能会让他们担心自己很快就会什么都记不起来。他的家人往往也有同感,认为老年人越来越脆弱,越来越不懂事。经常可以看到,需要了解老人信息的人忽略老人,向陪伴老人的人询问信息。

我很尴尬地意识到,在父亲生命的最后一年,我对他做了类似的假设。

我父亲一直患有轻度认知障碍。有一天,当我和他玩金拉美牌游戏时,我推测他记不住游戏中扔出的牌。就在我纠结是否让他赢的时候,他放下了牌,高兴地宣布"金"(gin)。我羞愧地意识到自己的错误:轻微的认知障碍可能夺走了他的一些记忆,但他当然还记得一些事情。

多年后,我的研究生凯瑟琳·贝尔科维茨(Katherine Bercovitz)和博士后卡琳·古内特-肖瓦尔(Karyn Gunnet-Shoval)和我对此进行了更正式的研究[3]。我们要求65~80岁、对自己的记忆力有担忧的成年人注意一周内记忆能力的波动。在一项基于文本信息的干预中,我们要求参与者每天对自己的记忆力进行两次评分,注意记忆力随时间的波动,并问自己为什么会出现这种波动。正如我们所预料的那样,我们发现了干预的积极效果,那些被要求注意变化的组员在干预后报告的记忆力衰退次数明显少于干预前,他们对自己记忆力的控制感也更强了。另一方面,我们发现那些只被要求关注自己的记忆表现(而不是波动)的人对自己改善记忆的能力缺乏信心。

我们对慢性疼痛患者实施了平行干预,在一周内每天给他们发两次短信,要求他们关注疼痛程度的变化,并要求他们对这种变化做出合理的解释。我们发现,关注疼痛强度的变化会带来积极的变化,包括明显减少疼痛对日常生活的干扰。注意可变性干预还降低了他们将疼痛视为生活中永久固定因素的可能性,并提高了他们与医生沟通症状的意识。

我和我的同事诺加·楚尔(Noga Tsur)、露丝·德弗林(Ruth Defrin)以及我的实验室成员一起进行了另一项疼痛研究[4]。如果你曾经在牙医诊所打过麻醉针,你可能会注意到他们在给你打针时会晃动你口腔的另一个部位。这似乎完全没有必要却很有效,因为当我们有两个疼痛源时,它们往往会相互平衡。换句话说,对健康人来说,牙医晃动你的嘴巴意味着你在打针时感受到的疼痛会更轻。但不幸的是,对一些慢性疼痛患者来说,情况并非如此。他们的疼痛并没有减轻,他们感觉到的针刺疼痛与单独针刺一样。我们想知道,注意可变性治疗是否会减轻他们的疼痛,让他们感觉更像一个健康人。我们还测试了一般觉知疗法的效果,该疗法涉及主动注意与疼痛无关的视觉图像。

在这项研究中,参与者在接受了关注疼痛可变性或觉知治疗的训练后，将手放入热水中。过程很复杂，但结果并不复杂。注意疼痛的可变性和一般的觉知治疗都非常有效，而无治疗对照组则继续感到疼痛。

近年来，我们在哈佛大学的实验室一直在探索心身效应对被视为难治疾病的影响。实验室成员弗朗切斯科·帕格尼尼（Francesco Pagnini）、德博拉·菲利普斯（Deborah Phillips）、科林·博斯玛（Colin Bosma）、安德鲁·里斯（Andrew Reece）和我收集了肌萎缩侧索硬化（ALS）患者的相关数据。肌萎缩侧索硬化是一种渐进性神经系统疾病，会削弱肌肉并破坏神经细胞，目前医学上还无法治愈[5]。我们对肌萎缩侧索硬化患者进行了兰格觉知量表测试，结果发现觉知得分较高的患者丧失功能的速度较慢。

一旦我们知道肌萎缩侧索硬化患者的功能丧失与觉知之间存在相关关系，我们就希望提高他们主动注意症状变化的能力。参与者观看了关于觉知主要原则的简短讲座，理解不确定性，注意症状变化的重要性，产生新奇感，认识到好坏评价是我们头脑中而不是外部世界的想法。然后，他们进行练习证明了上述各点。

其中一项练习涉及操控轮椅。我们希望肌萎缩侧索硬化患者关注细节。除一般事项外，我们还要求他们注意如何握住轮子，使用了哪些肌肉，以及在从停止到启动的操作过程中肌肉是如何变化的；当轮子处于静止状态时，他们是在哪里握住轮子的；他们使用了手的哪个部位和哪些手指等。

参与者完成了两项觉知练习，并在 5 周内每天注意细微变化。我们还设立了一个对照组，向他们提供有关肌萎缩侧索硬化的教育信息，并采取与实验组相同的测量方式。肌萎缩侧索硬化患者通常会焦虑和抑郁，这并不奇怪，因此我们在刚开始研究时就对焦虑和抑郁进行了评估，并在干预后以及 3 个月和 6 个月后的随访中再次进行了评估。我们发现，这种只需患者投入较短时间、简单易行的干预措施与肌萎缩侧索硬化患者心理健康的改善有关。与对照组相比，我们发现接受锻炼的患者抑郁和焦虑程度显著降低。目前，我们正在对患者的身体症状和整体健康状况进行跟踪调查。

我和我的实验室成员还在研究大量其他慢性疾病，包括糖尿病、帕金森病、严重脑外伤、认知障碍、多发性硬化、中风和抑郁症。在每项研究中，我们都会在可能或适当的情况下，教导患者和/或其看护者关注症状的变化，从而采取觉知的方法来控制特定疾病的影响。

残疾的人们可以有其他的能力，甚至可以做一些他们认为残疾剥夺了他们的能力的事情。例如，只有一条腿的人可能会认为他们不能踢足球，因此与其他有两条腿的人有很大的不同，直到他们看到我们中许多有两条腿的人也不能踢足球。事实上，一种减少外群体偏见的方法可能是增加内群体歧视。一旦我们发现我们中没有一个人是"我们"，"他们"看起来就不会那么不同了。

身体的各个部位都有许多功能，说某些东西不起作用太过笼统。我们常常用"缺什么"而不是"有什么"来定义自己。一个人越能够觉知就越开放、越能意识到变化,因此也就越有韧性。无助的人认为所有情况都是一样的,有觉知的人则会注意到不同之处,从而变得更有韧性。举个简单的例子,即使已经被认证为残疾人,并且有蓝色停车证,但有时我们也并不需要把车停在残疾人车位上。

由于身心被视为一体,身心合一表明如果一个东西对我们的身体健康而言是正确的,那么它对我们的心理健康也是正确的。例如,注意可变性治疗也可能对由于临床抑郁症而产生健康问题的人有效。抑郁症患者的一个稳定信念是,他们的病情不会好转,隧道的尽头没有曙光。但是,每个人的抑郁情况都不尽相同。注意到我们感觉上的细微改善可能会让我们像对身体症状的了解一样,对抑郁症有更深入的了解。对于医学界可能认为难以治愈的精神疾病,注意可变性疗法可能会有所帮助。例如,对于精神分裂症等严重疾病,与其期待患者注意其可变性,或许临床医生进行监测会更好。

我们不仅可以将对可变性的注意应用于慢性疾病,还可以应用于想少抽烟、少喝酒甚至少吃东西等行为。酗酒者、烟瘾者和暴饮暴食者可能认为他们总是想喝酒、抽烟或吃糖。如上文所述,如果我们写日记,定期记录自己是否想要某种物质,以及是否真的想要,我们就会发现,尽管我们这么想,但实际上我们并不总是想要。更重要的是，我们会明白，我们是自己的主宰，而不是酒精、香烟或蛋糕。

治疗是一个机会问题

我还记得母亲住院期间，我和她在一起的大部分时间都感到非常无助。如果当时有人鼓励我去帮助她，注意到她不断变化的症状，并帮助她也注意到这些症状，我可能会感觉好些。在我们的大量研究中，无论我们研究的是哪种疾病，我们都发现，当我们普遍提高觉知、关注症状变化，并让护理人员参与到这一过程中时，人们会表现出有意义的改善。多年来，我报告的许多数据也清楚地表明，这些觉知方法不仅对健康和疾病有益，而且让人感觉良好。

试想一下，如果疗养院或医院的医护人员每天都要记录每位住院者与前一天有什么不同，要做到这一点他们就必须对住院者给予不同的关注。有些员工可能会觉得，在他们的职责清单上增加注意变化的内容会让他们的工作变得更难，但我认为，这反而会让他们的工作变得更有趣。医护人员的职业倦怠是真实存在的，医院和疗养院员工的流失也是一个问题。通过提高医护人员的思想觉悟，医护责任的单调性以及由此产生的压力和紧张感会有所减轻。此外，通过注意住院者的身体变化，医护人员可能会更加关注住院者的情绪状态。我认为，如果医护人员能够做到用心观察，住院者就会感到自己被看见了，许多人也会开始珍惜与医护人员的关系。数十年的研究表明，觉知会增加住院者健康。具有讽刺意味的是，根据这一逻辑，对医院和疗养院住院者进行更好、更细致的关注也会改善医护人员的健康。

丽塔·查龙医生的《叙事医学》一书向我介绍了一种与身心疗法密切相关的医学运动[6]。通过倾听病人的故事，医生们认识到每个人都是独一无二的。感知这种独特性是觉知的标志之一。通过积极关注病人的独特属性，医生可以保持专注和投入。当病人看到自己的医生在用心倾听时，就会感到自己被看见了，压力也会随之减轻，康复也会随之开始。查龙医生写道："有时，医生和病人就好像是外行星，只能通过激光和奇怪物质的痕迹来了解彼此的轨迹。"诊断病人的身体症状，而不去探究这些症状对病人意味着会错失许多治疗机会。倾听扩大了治疗的可能性。例如，查龙医生的一位89岁的病人有许多疼痛无法用检查和诊断来解释。直到查龙医生发现她幼年时曾被强奸但从未告诉过任何人，这位妇女才敢开心扉，结果她的疼痛就减轻了，身体也恢复了健康。

当我们患有某种疾病时，往往会把每一种疼痛都理解为是由疾病引起的。但至少我们身体上的某些问题是有其他解释的。当医护人员无觉知地认为每一种症状都是他们所诊断或正在治疗的疾病的一部分时，他们就放弃了潜在的影响病人病情的可能性。诊断虽然有用，但它只关注生活经验的一部分，而环境影响着我们的身体反应。

我们的想法很笼统，但行动很具体。我们抽象地想要减肥，却吃着眼前的巧克力棒。有时，笼统的想法会让我们看不到具体的反例。当我们感到抑郁时，我们可能会因为过于抑郁而无法注意到我们不那么抑郁或根本不抑郁的具体时间。

注意可变性有助于解决这个问题。当我们注意可变性时，我们可能会更快地注意到新的症状。对可变性的关注应该会让人们注意到他们如何能够影响自己的病情并找出问题所在。

当然，注意可变性解决方案的第一步是认识到改进是可能的。正如我反复强调的那样，我们永远不可能知道我们不能改进。科学所能告诉我们的只是我们可以改进，或还没有定论。当我们认为自己又矮又胖（即一旦我们崩溃，表现下降时）、所有方法都无法让我们重整旗鼓时，我们就会束手无策。也许对我们中的许多人来说，我们真正需要的只是被告知改进是可能的，然后我们就会开始自己的旅程，想办法做到这一点。如果是这样，我们就会自己来关注变化：我们期待改善，然后关注药物/治疗/期望发挥作用的迹象。这样，我们就能认识到药物在什么情况下起作用、什么情况下不起作用，并能利用这些信息来帮助我们痊愈。这也可以解释安慰剂是如何起作用的：一旦我们服用了安慰剂，我们就会寻求改善。有时，我们不容易注意到疼痛等症状的变化。尽管如此，在我看来，花时间去发现它是非常值得的。我们可以很容易地看到这些道理如何应用于医学界的疾病诊断和治疗。

注意可变性说明了如何更好地理解和研究疾病，将其视为处于变化中的状况而不是静态的状况；说明了为什么保持病情不变、忽略时刻变化的诊断可能更适合作为收集更多数据的起点而不是最终结论；说明了护理人员如何通过关注护理对象的细微差别来改进护理工作；以及与此相关的是，人们如何学会以不同的方式体验自己的病情。

综合来看，所有这些关于注意可变性的研究都向我们表明，注意变化这一简单的行为可能会对我们的健康产生巨大的影响。当我们注意到症状的变化时，会发生四件事。第一，我们会发现，尽管我们可能有这样的想法，但我们并不是一直都有这样的症状，而且程度也不尽相同，这本身就会让我们感觉更好。第二，注意变化是一种觉知，而我们数十年的研究表明，觉知本身就有益于我们的健康。第三，如果我们去寻找问题的解决方法，我们就更有可能找到问题的解决方法，而不是束手无策，无觉知地认为没有缓解的办法。第四，我们会开始感觉重新掌控自己的生活。

我们通过跟踪不同时间和背景下的变化来培养对可变性的认识。注意到我们身体不同部位、感觉、情绪、思想和环境的变化也会增强我们的能力。每个人都在不同方面与平均值存在差异，科学基本上是将这些差异平均化，将其视为"噪声"，但这种噪声可能隐藏着我们健康的关键因素。此外，与其关注正常反应，这些异常值可能更为重要。重要的是要问：为什么这个人不符合标准？

未来将不同于过去。如何应对这些不确定性？注意现在正在发生的事情。

第9章
觉知传染

> "纯粹的真理无法被大众所吸收。它必须通过传染来传播。"
>
> ——亨利·弗雷德里克·阿米尔

我们都有过被某些人吸引却不清楚原因的经历。他们似乎有一种特别的魅力,异常吸引人。同样,我们也都有过被某个看起来更像是机器人而不是有血有肉的人类拒绝的经历。反思这一点让我想到,我们可能会在不知不觉中对对方是有觉知的还是无觉知的做出反应。由于我非常喜欢与有觉知的人在一起,所以我想到,也许只要与有觉知的人在一起,自己就有可能变得更有觉知。

但是,在研究觉知会在多大程度上传染之前,我想知道大多数人是否会被觉知能力强的人所吸引。多年前,我曾与同事约翰·斯维奥克拉(John Sviokla)讨论过这个想法,当时我在哈佛商学院学习了一个学期。我们决定用杂志推销员来进行测试,并将他们随机分为两组[1]。第一组的推销员被要求以完全相同的方式接触每一位新客户，并对每一位潜在的新客户使用完全相同的推销技巧；第二组的推销人员则被告知要改变他们的推销方式，并采用一种更觉知的方法。我们要求他们在每次与新客户接触时，都以微妙的方式使每次推销都有新意。

接受觉知推销的顾客认为这些推销员很有魅力，与那些听了无觉知推销的顾客相比，这些顾客也更有可能购买杂志。这项研究提供了初步证据，证明他人很容易察觉到对方的觉知情况，并进而影响他们的行为。

我开始思考，动物在与人互动时是否会感知到"觉知"。我首先研究了这个问题，我把我的狗带到实验室，让实验室成员挨个在我的狗面前无觉知地重复去想学过的东西（如童谣"玛丽有只小羊"）或有觉知地思考新奇的想法（如"如果玛丽带着一只狐狸而不是小羊去上学怎么办"）。我注意到狗狗们在寻找陪伴者，这似乎很有效——狗狗们更喜欢有觉知的人。但这是我的狗，我知道可能还有其他因素在起作用。如果狗狗们接近某人是因为它们感觉到这个人在某种程度上像我（给它们喂食的人）——这可能与觉知本身无关。

我并没有气馁，而是将实验地点转移到了一家在狗主人外出时寄养狗的狗舍，狗舍的工作人员愿意帮助我测试狗对人类觉知的认知。首先，我把工作人员分成两组。一组接受训练，与狗在一起时对童谣进行新奇的思考，而另一组被要求不停地对自己重复同样的童谣。这对狗喜欢哪个人有影响吗？似乎有，但遗憾的是，狗舍的混乱——狗叫声、持续不断的活动——让人无法得出任何确切的结论。我突然想到，我更感兴趣的是人是否注意到了其他人的觉知，而不是狗是否有这种意识。因此，下一步就是用那些可能比狗更乖巧的孩子来测试这个想法。至少，人不会不停地叫。

当时正值学年结束，因此我们决定在一个男孩夏令营进行研究[2]。我们将营员随机分配到两组中的一组，并计划让我们的研究人员假扮从另一个夏令营来访的辅导员，对每组的男孩进行采访。我们要求第一组采访者在采访过程中仔细观察孩子的变化，包括语言和非语言方面的变化；第二组访谈者则被要求漫不经心，只是假装对营员所说的话感兴趣。访谈结束后，营员们接受了一项测试，测试内容是衡量他们的自尊心，并询问他们的夏令营经历。在实验中，参与者是被随机分配到一个小组中的，在实验开始时我们假定两个小组中的男孩在所有关心的问题上都是一样的。但是实验结束后，这两组的营员却大相径庭。与漫不经心的成人互动的孩子的自尊心得分明显低于与有觉知成人互动的营员，而且他们表示不喜欢夏令营和采访者。与有觉知的成人互动对营员有非常积极的影响，他们不仅自尊心更强、更喜欢夏令营，而且更快乐、更有可能认为采访者喜欢他们。

捕捉觉知

如上所述，我们都有过与那些看起来比其他人更有"吸引力"的人交往的经历：他们似乎有一种让我们觉得很吸引人的存在感。这种效应的背后是觉知吗？在我们实验室的尝试性工作中，我们首次提出了"觉知传染"的概念。一名参与者进入房间后，几乎是肩并肩地坐在另一名学生旁边。而这名学生实际上是一名研究助理，也是我们团队的成员，他事先被指示要悄悄地注意房间里的新事物。不过有一半的实验中，研究助理被要求通过集中注意力数到100来保持觉知。一两分钟后，参与者拿到一张索引卡，上面印着一个略有瑕疵的熟悉短语：不是"Mary had a little lamb"，而是"Mary had a a little lamb"。读完后，他们把卡片交还，然后被要求重复他们读过的内容。几乎每个靠近无觉知研究助理的参与者都复述了"Mary had a little lamb"，没有重复的字母。我们问他们卡片上有几个单词，他们都说是"5个"。但是，另一半靠近有觉知的研究助理的参与者更容易注意到重复的字母。这个关于"注意"的测试是对"觉知"的一个简单但非常好的衡量标准。虽然每个人通常都会忽略熟悉相位的细微变化，但几十年前，当我们把卡片给刚刚结束冥想的人看时，他们都能正确读出卡片上的内容。

就在新冠大流行之前，北京中医药大学的章道宁博士访问了我的实验室。她认为觉知传染研究非常符合中国人"气"的概念，回国后就想复制这项研究[3]。她感兴趣的是，是否可以通过极高频太赫兹脑电波来测量觉知传染。我和我的实验室经理克里斯托弗·尼科尔斯（Kristopher Nichols）对脑电波一无所知，我们更感兴趣的是能否复制之前的"觉知注意"发现。

在测量参与者大脑活动的过程中，章博士的研究助理被要求观察参与者的手，要么用心去注意一些细节（手是否有皱纹、是否有茧，或者某些地方是否发红），要么专注于手。紧接着，他们给每位参与者一张索引卡，要求参与者朗读印在上面的中国谚语。同样，每张卡片上都有一个错别字，即谚语中的重复词。

事实证明，研究助理的觉知确实具有传染性。正如章博士向我报告的那样，在觉知组中，25名参与者中有24人看到了重复词，这些参与者的脑电波活动也整体增多；而在无觉知组中，70名参与者中只有11人看到了"错误"。

一个人对别人的手的关注会带来更多的觉知，这似乎是一种逻辑上的跳跃。但在我看来，这种觉知传染的想法不再那么离奇。如果这是真的，那么除了看到易被忽略的印刷文字，是否还有其他方法可以从中获益呢？

对觉知的敏感性

如果觉知传染是真实存在的，那么我们不一定都会受到同样的影响。我们中的一些人很可能更容易受到他人觉知和无意识之间差异的影响，觉知传染可能会产生临床影响。

为了测试是否存在这种情况，我和我实验室的成员研究了为麻痹自己而酗酒的人是否完全或部分是因为他们对人际关系的线索过于敏感，而这些线索表明另一个人是否漫不经心。与漫不经心的人相处会让人感到不舒服，也许喝酒是敏感的成年人减轻这种影响的一种方式。

我的实验室成员约翰·艾尔曼（John Allman）、克里斯·尼科尔斯（Kris Nichols）和我首先对这一问题进行了间接测试。我们在马萨诸塞州剑桥市的"开放式"匿名戒酒协会（AA）会议上招募了40名自称有酗酒问题的人[4]，任何有兴趣参加戒酒计划的人都可以参加这些开放式聚会。会议秘书宣布我们的研究将在会后进行，参与完全自愿且保密。除了来自戒酒互助会的志愿者，还有40名没有报告过酗酒史的参与者作为对照组。

80名参与者被要求参加我们的"人的感知"研究，并与我们的一名研究助理进行简短交谈。研究助理被要求向参与者们提出一系列问题，比如"你今天过得好还是不好？""在同龄人中试图改掉一个坏习惯的利弊是什么？"。

有一半的研究助理被要求在提出这些问题时要注意观察参与者的个人特征（如眼睛颜色、可能的社会经济地位、外表或行为），他们被告知："尽量记住，所有参与者都是不同的，通过观察不同参与者之间的差异,你可以了解到有关此人观点的重要信息。"

另一半研究助理被指示无觉知地工作,假装对参与者的回答感兴趣。这些研究助理被告知:"参与者的情况都差不多,但请假装你对所有参与者的回答都感兴趣。"这些研究助理说的话与有觉知的访谈者说的话相同,他们只是不太参与到谈话中。

五分钟后,无论完成了多少问题,研究助理都会结束谈话。但在此之前,他们都会问最后一个问题:参与者是否愿意继续参与我们的研究。

我们的假设是,被无觉知的人采访过的人同意参与研究的可能性较低。我们的假设是正确的。事实证明,别人的漫不经心可能会影响我们所有人,但有些人受到的影响更大:如果接受采访的是一个对他们的回答不感兴趣的漫不经心的研究助理,那么戒酒组中愿意坚持参加研究的人要比不喝酒组少。这个迹象表明,酗酒者可能对周围人的无觉知程度更为敏感。目前还不清楚酗酒与这种敏感性之间的联系是什么,是遗传还是后天习得,但我关心的是这种敏感性的潜在的另一面:酗酒者对其他人的漫不经心是否更敏感?

约翰、克里斯和我继续这一研究方向。我们开始研究与无觉知实验者互动的人是否更倾向于喝酒[5]。

这次我们从哈佛社区和大波士顿地区招募了 60 名成年人。我们告诉参与者,这项研究是为了测量情绪对葡萄酒口味的影响。我们要求他们在实验前一小时内不要喝任何东西。

接下来，我们招募了一批人作为实验者。这些人并不知道我们的假设，我们将他们随机分配到有或无觉知的条件组。我们给有觉知组的实验者提供了详细的指导，告诉他们如何将参与者视为个体，注意他们的衣着、发型、身高等，最重要的是，注意他们在参与过程中的变化。无觉知组的实验者则被要求面带微笑，善待参与者，并按照提纲进行操作。

在进行研究之前，我们通过两种方式对参与者进行了测量：我们使用兰格觉知量表对他们的觉知力进行了评估，并要求他们完成世界卫生组织的酒精使用障碍识别测试，以帮助他们对酒精消费进行自我评估。完成这些问卷后，有觉知或无觉知的实验者对参与者进行了访谈。访谈内容包括情绪和对品酒任务的态度的一般问题，访谈提纲与上述AA研究类似。

访谈结束后，我们告诉参与者他们将参加一个品酒实验。实验者表示，他们想喝多少酒就喝多少酒，然后要求他们填写一份口味调查表。虽然我们感兴趣的是葡萄酒的饮用量，但对参与者来说，这似乎是一项品酒研究：我们要求参与者用1到10分给他们喝过的葡萄酒打分，并估算一瓶葡萄酒的价格。我们还要求他们列出他们注意到的任何味道或口感。

我们的假设得到了证实。在有觉知实验者在场的情况下，参与者的饮酒量减半。在无觉知实验者面前的参与者喝了4盎司酒，而在有觉知实验者面前的参与者只喝了2盎司。在这种情况下，参与者通常会担心自己会受到怎样的评价，因此这种差异是非常有意义的。

收集这些结果并不是为了说明饮酒本身比戒酒更具有或更不具有觉知，而只是为了说明，过度饮酒的一个原因是将其作为一种"逃避"现实的方式，而我们越具有觉知，就越不需要逃避。因此，研究结果表明，觉知具有传染性——与有觉知的人互动会提高我们自己的觉知。

此后，我在一项针对孤独症谱系障碍儿童的研究中继续探索觉知传染。我想知道孤独症儿童的反应是否与酗酒者相同，是否对他人的无觉知或有觉知更敏感。换一种说法：既然大多数人在大多数时候都是漫不经心的，而漫不经心在人际交往中会让人感到不舒服，那么对漫不经心的敏感能否解释孤独症患者在人际交往中遇到的一些挑战呢？我并不是要研究孤独症是否造成了这种敏感性，或者这种敏感性是不是孤独症多种因素共同作用的结果，我的兴趣只是想看看对无/有觉知的敏感性与孤独症谱系之间是否真的存在关系。

我们与我的博士后弗朗切斯科·帕格尼尼、德博拉菲利普斯以及一组意大利研究人员一起，在一个意大利社区进行了测试[6]。孤独症儿童与有觉知或无觉知的成年人互动，并记录他们的行为。我们招募了8名孤独症谱系中功能水平相似的儿童和6名成人实验者参与研究。我们随机进行配对：一些儿童将与有觉知的成人互动，而另一些儿童将与漫不经心的成人合作。在 30 分钟的课程中，我们让每个孩子与成人实验者一起玩 3 个游戏。我们对这些游戏进行了录像，随后由独立评分员对录像中的语言和非语言互动行为进行编码。

我们要求无觉知的成人假装对孩子正在做的事情感兴趣，并且对孩子说的所有话都要是积极正面的，我们没有对他们的行为做出其他指示。有觉知的成人接受的是相同的指导，但额外要求他们关注孩子行为的可变性以及孩子情绪表达中出现的新元素。也就是说，我们要求他们观察孩子在访谈过程中的肢体语言、语音语调和总体状态是如何变化的，并思考在玩游戏的过程中哪些是变化或保持不变的。我们建议他们思考孩子是如何理解自己的内心状态的，就像他们通过研究一幅画来了解画家的内心状态一样。

当这些儿童与觉知成年人互动时，他们表现出更多的"有趣行为"。他们与实验者的互动更多，表现出的回避行为更少；他们的合作行为增多，刻板行为减少。成人的觉知似乎让孩子们更觉知（即传染），并导致他们更投入地互动。

过去，研究孤独症的科学家们很快就会说，孤独症儿童很难"读懂"成人的情绪化非语言行为。这也许因为大部分研究都与我们从他人的眼神中获得的信息有关。例如，当我们被某人吸引时，瞳孔会放大。然而，最近的研究发现，孤独症儿童被低估了。如果考虑到全身姿态，他们在解读肢体语言方面其实相当娴熟。我们在意大利的研究表明，这些孩子或许也能熟练地读懂我们的心理状态。

我还认为，值得质疑的是，许多成年人在与孤独症谱系儿童沟通时遇到的部分问题是否在于成年人而非儿童。这些成年人可能难以"读懂"孤独症儿童所表现出的暗示，或者因为他们的偏见而无心尝试。如果成年人能够多加注意，他们就会对这些暗示更加敏感，可能就会与孩子们更好地互动。

觉知传染与健康

40多年的研究表明，觉知有益于我们的健康[7]。关于觉知传染的研究表明，一个人的觉知可能会提高另一个人的觉知。因此，我认为，与我们互动的周围人可能会对我们的健康产生积极影响。

在瑞士进行的一项研究中，我和我的博士后基娅拉·哈勒（Chiara Haller）研究了176名严重创伤性脑损伤患者以及作为主要照顾者的亲属[8]。我们发现，照顾者的觉知与患者的功能之间存在相关性。其中一个可能解释是，有觉知的照顾者很可能会注意到他们所照顾的人在症状和反应上的变化。我怀疑觉知传染也可能起到一定作用，照顾者的觉知可能会提高他们所照顾的人的觉知。

这些研究也与照顾慢性病患者或有记忆问题的老人的护理人员的健康状况不佳有关。我认为，护理人员患病的原因是他们的压力过大，认为症状只会越来越严重。陷入消极心态后，他们不断付出，直到感到空虚。但是，当护理人员开始注意到他们所照顾的人的症状发生微小变化时，就会发生几件事：他们会变得更加关注自己，正如我们前面所看到的，这对他们自身的健康是有益的；当护理人员更投入、更乐观时，他们的工作就会显得轻松一些，职业倦怠的可能性也会降低。

这项工作对轻度认知障碍患者也有影响。想象一下，你正在照顾一个严重失忆的人。他问你一个问题，你回答了，过了一会儿他又问了一遍，你又一次回答了。随着一次次的交流，你的挫败感可能会越来越强，你很难记起这种遗忘不是故意的。但是，当人们认识到他们的亲人不可能忘记所有事情时，机会就来了。为什么一件事被遗忘了，而另一件事却没有？探索这一问题的答案对双方都有好处。

这种思维方式也适用于其他障碍，比如阅读障碍。如果有阅读障碍的人认识到字母或单词并不总是换位的，那么试图找出哪些字母或单词是换位的以及为什么会换位，就会把挫败感转化为解谜的吸引力。为什么这个单词在这种情况下是个问题，而在其他情况下就不是呢？消极的心态会让我们只关注消极的一面。事实上，通常页面上的大部分内容都是正确的。如果我们意识到错误可能并不常见，我们就不会把错误归咎于自己或他人。能把大部分内容读对比只注意出错感觉会更好。这实际上就是从全局思维（一切，总是）

转向了具体事例（一些，有时），这样更容易找到解决办法。

利用不确定性的力量

与视力完好的人相比，盲人的听觉更敏锐、更细腻。而对聋人来说，视力变得更加重要，因此也得到了增强。事实上，他们甚至有更强的周边视力。在我看来，与其用标准来评估我们能做什么和不能做什么，不如去调查那些在某一特定维度上更胜一筹的人，看看我们是否可以向他们学习。

这里的关键是，如果别人能做到，我们其他人也能做到，尽管会慢一些。我们不应该把爱因斯坦和莫扎特这样的人——或者盲人和聋人——视为异类，而应该明白，他们所揭示的更多的是可能而不是不可能。也许有人会问，为什么随着年龄的增长，我们的听力没有随着视力的衰退而提高呢？我的回答是，这是因为我们对衰老有着非常强烈的消极心态。这些心态让我们相信，随着年龄的增长，我们的感官一定会退化。但是，并没有同样的消极心态告诉聋人他们不能提高视力，也没有同样的消极心态告诉盲人他们不能提高听力。

最令人沮丧的心态之一就是认为随着年龄的增长，我们的记忆力一定会衰退。但并不是每个人的记忆力都会变差，那些没有这种心态的人的记忆力不一定会变差。这就是耶鲁大学心理学家贝卡·利维（Becca Levy）和我在哈佛大学读研究生时的发现[9]。我们对那些我们认为有这种年龄偏差信念的参与者和那些不认为记忆力会随年龄增长而变差的参与者进行了研究。我们的假设是，认为记忆问题会随年龄增长而增加的想法会导致记忆问题。

我们的实验包括了中国的老人和年轻人，因为中国人通常比美国人更尊敬长辈，所以他们不太可能相信记忆力会随着时间的推移而衰退。我们还认为，聋人不太可能相信消极的老龄化思维，因为在一个由听得见的人控制的世界里，他们已经有足够多的事情要处理，因此我们将年轻和年老的聋人都纳入了研究范围。

我们发现，在听力完好的美国参与者中，年轻人在记忆测试中的表现优于老年人，这反映了大多数美国人认为的衰老的必然结果。然而，聋人和中国人的情况并非如此。在这些情况下，老年受试者的记忆能力与年轻人一样强。

我们有确凿的证据表明，可以教狗嗅出一个人是否患有癌症。希瑟·容凯拉和她的同事教四只小猎犬分辨健康人和肺癌患者的血液样本[10]。除了一只狗，其他三只狗在97%的情况下都能正确识别出肺癌患者。我们能学着把我们的嗅觉提高到类似的程度吗？如果可以，我们也许能更快地发现自己或他人的癌症，从而挽救生命。有人会说，鸽子、狗、蚂蚁或鳄鱼的生物学特性赋予了它们敏锐的感官，而我们是不可能获得这种感官的。对此我要说，"也许是"，但"也许不是"。如果一个人能举起75千克的重物，这并不意味着他们需要用全部的肌肉力量才能举起 11 千克的重物。狗鼻子里的嗅觉受体数量是人类的 5 倍，但这并不意味着它们的 3 亿个受体是嗅出癌症的必要条件。据说狗有嗜新癖，即它们会被新的气味所吸引，而人则倾向于被熟悉的气味所吸引，但这并不意味着我们不能学会留心和注意陌生的气味。

我和我的实验室成员没有被反对者吓倒，而是考虑测试我们是否可以改善人们的嗅觉，如果可以，他们能否成功地嗅出某人是否患有癌症？这个假设可能并不像初看起来那么极端。在设计我们的研究后，我看到了一篇关于一个名叫乔伊·米尔恩（Joy Milne）的人的文章，她有能力嗅出帕金森病的气味[11]。在一项测试中，她能够准确辨认出属于帕金森病患者和非帕金森病患者的 T 恤衫。她只犯过一次"错误"，她把一个人认定为帕金森病患者，而当时人们认为他并没有帕金森病。但几个月后，他被诊断出患有帕金森病。虽然癌症和帕金森病是截然不同的疾病，但人类能够嗅出疾病的想法是完全可能的。

我们刚刚开始研究这个问题，所以我们需要等待一段时间才能知道结果，看看是否能教会人们改善嗅觉，使其足以发现疾病。我们打算让癌症患者及其配偶（作为对照组参与者）穿着我们提供的 T 恤睡觉。第二天早上，他们将把 T 恤装进一个单独的密封袋中还给我们。然后，我们将测试参与者的嗅觉是否可以通过练习得到增强，从而使他们能够准确无误地识别出癌症患者所穿的衬衫。但是，即使训练失败，也并不意味着更广泛的假设是错误的，而是可能需要进行更多或不同的训练。

生活在一个充满无限可能的世界里，就意味着"挑战"将是司空见惯的，因为我们正在尝试我们自己或社会从未做过的事情。但是，去做那些不常见的事情、世界并不积极提倡的事情、有不成文的规定禁止实施的事情，并不像初看起来那样具有挑战性。

对许多人来说，"挑战"一词让人联想到痛苦和失败的真实可能性。但我们需要反过来问问自己，当我们喘过气来之后，成功是什么感觉。我们要问自己："现在怎么办？"我喜欢用具有挑战性的高尔夫球运动来举例。如果我们每次挥杆都能一杆进洞，那么这场比赛就不再有趣了。我们既可以不完美地、无觉知地完成任务，也可以完美地、无觉知地完成任务。当我们无觉知地完成时，体验是空洞的。因此，失败需要被理解为不完全的成功，除非你放弃，否则就没有所谓的失败。

很多年前，一个新闻节目在做关于我第一次养老院研究的片段。我建议他们在开场时问观众，如果生活没有任何挑战，一切都由他人代劳，他们会有多喜欢这样的生活，然后镜头转向养老院。他们没有采纳我的建议，我当时就主张让养老院的生活更具挑战性，而不是接受一个助长无觉知的环境。

几年前，我们的救命狗比索偷吃了我们放在客厅供客人享用的食物。它通常都很乖巧温顺，但那天晚上，它的表现很不好。我们很快就训斥了它，我的伴侣决定让比索去上服从学校。

如果你问我们是否期望比索做到完美，我们会很快回答"当然不是"。也许成功率能达到90%，但绝不是完美。另一方面，像其他人一样，我们很少把行为不端的情况视为这10%的一部分。相反，我们会无觉知地将其视为失败。

我们对待老年人也是如此。如果你的父母或祖父母在试图打开一扇锁着的门时找不到钥匙，我们可能会自己拿着钥匙打开它，就好像我们从来没有为了打开锁而挣扎过一样。如果他或她摔倒了，我们不仅会急忙去扶（这可能是件好事），而且我们会记下来，确保这种情况不再发生（这可能是件坏事）。如果他（她）忘记了一些我们认为值得记住的东西，我们就会开始寻找阿尔茨海默病的迹象，并把之后每一次小小的遗忘都当作证据。

如果我们把宠物关在笼子里，或者让老年人处于半昏迷状态，我们就能确保不会发生错误行为，就不会有失败、跌倒或遗忘。但无论是野兽还是美人，活着就是不完美，就是迎接挑战和不确定性，这在每个年龄段都应该是完全正常的。

还记得我们小时候，够到电梯按钮是一件很有挑战性的事情吗？现在，我们长大了、长高了，有多少次按下按钮会让我们欢呼雀跃？我们喜欢玩井字游戏，直到学会如何每次都赢或打平；如果我们记住了昨天成功完成的填字游戏的全部或大部分答案，我们就不太可能认为做这样的游戏很有趣；如果我们每次打高尔夫都能一杆进洞，那就没有游戏可玩了；如果我们真的想在某场比赛中永远获胜，我们可以和孩子们比赛。实际上，我们更喜欢挑战，而不是保证成功，奋斗才是乐趣所在。

面对挑战可能会感到不知所措，但我们可以通过迈出一小步又一小步来应对挑战。橡树再大，也是从橡子长出来的。在我几乎所有的研究中，我们都表明，非常微小的改变也能产生巨大的影响。在我的第一项针对老年人的研究中，我们发现，只需给养老院的居民提供一些平凡的小选择，就能延长他们的寿命[12]。

在另一项非常早期的研究中，我们让养老院的居民记住护士的名字等东西，并在成功记住后获得代币，从而以一种合理无害的方式让记忆变得重要起来[13]。这项任务的难度每周都在增加，受试者的记忆力得到了改善，尽管人们普遍认为记忆力只会随着时间的推移而变差。在过去40多年里进行的一项又一项研究中，我们发现，只要我们的思维和期望发生微妙的变化，我们就可以开始改变根深蒂固的行为，这些行为会消磨我们生活中的健康、能力、乐观和活力。

随着越来越多的人开始认识到并利用不确定性的力量，心智乌托邦可能比许多人想象的更近。一旦我们认识到限制我们的仅仅是过去的决定，那么几乎没有什么可以阻止我们重新设计世界以更好地满足我们当前的需求，而不是用昨天来决定今天和明天。当我们这样做的时候，以前认为不可能的事情可能会变成不可思议的新景象。为什么不呢？

空气中的东西

是否有某些很多人聚集的地方容易引起人们的觉知？我们中的许多人都曾非正式地体验过这种效果，无论是在风景优美的绿地、聆听美妙音乐的音乐厅，还是在参观圣地时。在这些环境中，我们都会放慢脚步，欣赏眼前的美景或壮观。是这个地方的某些因素让我们变得更加专注，还是只是我们期望现在有什么重要的事情需要注意，于是我们就这样做了？

要测试人们是否有过这种经历以及在什么情况下有过这种经历并不难，我们只需询问他们即可。如果是与地点有关，那么测试如何解释这些体验就是另一回事了。我们目前对科学的理解并不能提供令人满意的机制来解释在物理环境中萦绕的感觉。尽管如此，这可能仍然是一个不寻常但重要的研究领域。

当克莱顿·麦克林托克还是哈佛大学学生和我的实验室成员时，我们在这个方向上迈出了大胆的一步，进行了一项后来被称为"空气中的东西"的研究。我们主要想看看，如果在一个冥想者刚刚结束冥想的房间里给参与者布置任务，他们的表现是否会优于那些在一个没有人的房间里做同样测试的人，空气中是否有什么东西会影响他们的表现。实验是在几间小教室里进行的，教室里的桌椅能让12个人舒适地围坐在一起。共有3组参与者，他们在实验开始前都进行了简单的认知测试。在实验条件下，第一组参与者被引导进入一个小教室，他们被要求在此一起练习洞察式冥想。在冥想过程中，人们会觉察到自己意识中出现的想法和感觉，但不会把注意力集中在这些想法和感觉上。冥想大约45分钟后，他们收到研究人员发出的信号，然后悄无声息地离开教室和大楼。课桌椅和其他家具没有任何改变，室温保持恒定。

在两个对照组中，第一对照组的人没有参加冥想，而是坐在房间里观看了一段旨在激发紧张情绪的视频。其中包括海啸、肾脏手术以及有关高速公路安全的生动视频。大约45分钟后，他们也收到了研究人员发出的信号，他们安静、小心地离开教室和大楼。课桌椅和其他家具的摆放依然与到达前相同。

而最后一个对照组的房间空置了45分钟。

在冥想者冥想或第一对照组观看电影时，另外68名参与者分小组聚集在校园的另一处，并被要求填写一份问卷。研究人员告诉参与者，他们将参观大楼里的某一个房间，但没有对房间进行描述。在前往该房间之前，研究人员告诉参与者在路上保持安静，并要注意他们到达房间后对房间的印象。然后，研究人员带领8~12名参与者组成的小组走过大厅，进入教室。参与者和陪同的研究人员都不知道这个房间之前是否有人来过。

参与者一落座，研究人员就要求他们用11分制回答两个问题："这个房间给人的感觉有多吸引人？"（0=非常不吸引人，10=非常吸引人）和"这个房间给人的活跃感如何？"（0=非常不活跃，

10＝非常活跃）。我们还使用平板电脑上的一个应用程序测量了反应时间，参与者一旦发现平板电脑屏幕上的圆圈亮起，就会立即点击圆圈。点按10次后，程序会记录时间的流逝，测量参与者注意到圆圈亮起的速度，精确到十万分之一秒。

与进入之前没有人进入过的房间的人相比，进入观看视频或冥想后房间的参与者表示房间给人的感觉更有活力和吸引力。这支持了一种观点，即人们最近去过的房间里的空气中弥漫着某种东西。否则，三组进入不同房间的人对房间的感受应该是一样的。

然而，更重要的是，在一项敲击练习中，当一个人发现电脑屏幕的颜色发生变化时，他的反应时间也会出现显著差异。测试反应时间也许是对觉知最清晰的测量，注意到差异是我们所研究的觉知的本质。觉知越强，注意到差异的速度就越快，反应时间也就越快。与那些进入有人看过视频的房间里的人和那些进入没有人进入过的房间里的人相比，那些进入刚刚结束冥想的房间里的人对屏幕颜色变化的反应时间更快，而前两组的差异不大。

这些神秘的结果表明，在某种程度上，我们的觉知会在空气中留下残留物，因此可能会影响他人的觉知。在没有进行后续调查的情况下，这些结果应该被理解为具有启发性的。不过，在这些情况下，"空气中确实存在一些东西"，先进的技术最终可能会揭示出来，就像过去预测胎儿性别被视为一种"直觉"一样。现在有了超声波，性别就显而易见了，母亲的直觉可能是一种身体感觉。我相信,每一个内在的动作都伴随着一个外在的信号——无论是气味、汗水还是散发的能量。

不完整的解释并不意味着某件事情不会可靠地发生。"空气中的东西"研究表明了一种因果关系,尽管我们还无法描述或理解它。我们不清楚安慰剂是如何起作用的,但我们接受它的力量。我既不相信也不否认超自然现象的存在,我无法解释的事实并不会让我倾向于不相信。我知道我打开电视,纽约的某个人就会出现在我家;我与我的学生和同事聊天,他们就会出现在我的电脑上。我不太理解这些事件,但我接受它们。

对常见事件的普遍解释也让人觉得缺乏说服力,如我吃东西是因为我饿了。理解、审视和命名内部过程的真正含义是什么?一般来说,我们通过改变分析层次来定义事物。我们要么像神经科学的解释那样降低分析层次,要么像社会学或哲学对行为的理解那样提高解释层次,但我并不认为这样做我们就真的更接近理解了,没有一种解释是完全彻底的。

保持意识已知的未知因素的力量,可以让我们对未知因素的可能性保持开放的态度。把不寻常的现象看成不确定的,而不是"不可能的",让今天的"不可能"变成明天的"当然"。对可能性保持开放并不需要付出代价。但是,因为我们无法解释而否定奇怪的经历,可能只会导致错失良机。

第 10 章
为什么不？

"生理学与它们毫无关系，正统心理学对它们视而不见，医学将它们扫地出门，或者最多在逸事中将其中一些记录为'想象力的影响'……无论你在哪里翻开这些书页，你都会发现以占卜、灵感、恶魔附身、幽灵、恍惚、狂喜、奇迹般的痊愈和疾病的产生，以及独特的个人对其周围的人和事所拥有的神秘力量等名义记录下来的东西。"

——威廉·詹姆斯

威廉·詹姆斯是美国心理学之父，我职业生涯中大部分时间所在的办公楼也是以他的名字命名的，他认为科学抛弃了不寻常的现象，辜负了我们所有人[1]。他认为科学家预先判断可能或不可能的倾向是一种错误，并终其一生努力对各种可能性保持开放的心态。我和他观点一致，我相信有效变革的关键在于我们认识到确定性会禁锢自由意志。

关于盲目服从权威的文章已经写了很多，通常都是关于制度权威的，而不是关于那些我们根本不会质疑规则或"统治者"的明显合法性的普通情况。想象一下，在申请大学时，你被要求写一篇关于你心目中英雄的文章。问题是你没有心目中的英雄，或者说你无法说出一个英雄的名字。你会怎么做？我猜大多数人都会胡编乱造或强选一个。也许会选择德拉诺·罗斯福、特蕾莎修女或亚伯拉罕·林肯。更好的文章可能是考虑为什么我们没有英雄，或者考虑为什么无法说出一个英雄，但很少有人会想到这些选择，大多数学生只是想对要求做出回应。

同样，我们被教导谁值得我们尊敬，我们往往盲目地接受给定的标准，而不是探索什么对我们个人有意义。我们倾向于接受问题中隐含的前提。从这个意义上说，所有的问题都是"有价值的"问题。如果这些问题是面试或申请问题，而我们又希望加入一个排他性的群体，或者在其他情况下存在明显的权力差异，那么这些问题就更是如此了。想想医院中的权力差距吧。

当医生要求护士做一些护士认为是错误的事情时，会发生什么？我们很难质疑地位更高的人。此外，我们经常顺从，以至于很多时候根本不会考虑这个问题。当医生给我们开了一种药，但我们对这种药有轻微的不良反应时，我们会放心地请医生给我们开别的药吗？还是继续遵照医嘱，每天两次、饭后服用？医生告诉我们，我们的断腿需要6到8周才能痊愈，我们有没有想过在更短的时间内痊愈？

如果不告诉我们平均痊愈时间，而是告诉我们已知的最快痊愈时间，会发生什么？我们的痊愈速度会更快吗？我相信我们会的。当我摔伤脚踝时，幸运的是我忘记了有人告诉过我，我走路将永远一瘸一拐。然而不管我最后是否在网球场上打中了球，我都没有跛脚的迹象。

许多我们放弃自由意志的方式背后的原因都是无意识的顺从。社会心理学中有一个著名的例子，叫作"阿希从众实验"[2]。实验向人们展示了三条不同长度的线，他们的任务是说出其中哪一条线与他们看到的另一条线长度相同。在轮到参与者回答前，与实验者合作的同伙会故意给出一个明显错误的答案，然而参与者并不知道。通常情况下，参与者会顺从地重复前面人给出的错误答案，而不是指出实验中的"错误"。这样的事情在我们身边比比皆是：你的两个朋友拒绝接种新冠疫苗，虽然你认为接种疫苗是件好事，但现在你是否又有了新的想法，于是推迟了接种？同样想象一下，如果你并不想接种疫苗，但你的两个好朋友接种了，你会怎么做？就像阿希从众实验中的参与者不顾自己最初的看法而随波逐流一样，我们也经常随波逐流。

接受确定性是不必要地限制我们自由意志的最明显例子。一旦我们认为自己知道了什么，我们就会停止考虑其他可能更好的选择。因此，才有了"经常出错，很少怀疑"的说法。我们对确定性的无意识接受剥夺了我们选择的自由。

我们生活在一个受科学原则支配的世界。然而，我们现在可以精确地测量我们周围的世界，但其有用性取决于我们分析世界时的用心程度。我们的测量方法和工具都是受环境限制的和主观的，无论我们试图赋予它们怎样的客观性。当我们把精确性和确定性混为一谈时，科学就变得毫无意义。科学证据只能产生概率，但我们常常将这些概率转化为绝对值，使我们难以质疑基本假设。

多年前，当我们对阿尔茨海默病知之甚少时，我就经历过这种情况。我的想法是，当时所说的衰老，可能是对过于程式化的环境的一种心理反应。是的，你没有看错。我是说，衰老可能有一个好处。也就是说，衰老者的一些怪异的言行可能是对他们所经历的冗余生活的一种心灵上的解脱。自动化的生活与总产生新奇古怪想法的生活哪个更好呢？我认为，衰老肯定是不适应社会的，它会让我们周围的人感到不舒服，但是如果新奇的想法被理解为觉知的结果，鉴于我们已经发现觉知能使人长寿，那么疯狂的想法在生物学上可能是适应性的。也就是说，那些被诊断为阿尔茨海默病的人，也许会不断地看到新的世界，他们会不会真的长寿呢？

为了验证这一观点，我和我的同事佩尔·贝克、罗尼·杰诺夫-布尔曼、克里斯蒂娜·蒂姆科收集了一些人的数据，这些人除了患有心脏病，还被贴上了是否"衰老"的标签[3]。我们发现，那些被贴上衰老标签的人实际上比那些只患有心脏病的人要长寿得多。当时是1984年，当我们把研究论文提交给一家大型科学杂志时，却直接遭到了拒绝。拒绝的明确理由是"该杂志不发表正在进行的研究"，也就是说，他们只想发表能给出最终答案、用数字证明的论文。由于之前没有任何研究表明衰老有任何积极意义，期刊编辑们认为衰老不可能带来任何好处。我们的论文是正在进行中的研究，而非定论。我发现——现在仍然发现——这种反应是不合理的，科学中的一切都是"进行时"，没有最终的答案，我们总是在不断地学习关于有思想的身体的新知识（我们最终在《学术心理学通报》上发表了这篇论文）。

许多疾病被称为慢性病，而慢性病被认为是不治之症。如果一种疾病被认为是不治之症，我们试图治愈它就会是愚蠢的。然而，任何科学都无法证明其不可治愈性，科学所能证明的只是曾经尝试过的方法在当时对患者不起作用。也就是说，能否治愈是不确定的，而不确定与不可控是完全不同的。此外，医学实验中通常会缺少自愈者，而如前所述，很多人甚至在不知道自己生病的情况下就自愈了。在任何实验中，研究人员都必须设定研究参数（如参与者是谁、测试的时间和环境、自变量的用量等），然而在此过程中有许多内隐的设定。如果不写明这些参数，那么关于不可能性的研究结果就会显得更加确定和笼统。这就是为什么我在设计自己的研究时，倾向于试图发现什么是可能的，而不是排除什么是"不可能的"。大多数时候，我们寻找的是"它可能是什么"，而不是"它是什么"。

人们倾向于寻求确定性，但由于不知不觉地接受了现状，我们就不再注意到变化。我们总是戴上眼镜来帮助自己看清事物，却对不戴眼镜也能看清事物的情况视而不见。我们去看治疗师，他给我们提供了另一种看待问题的方式，我们往往没有意识到还有许多可能的选择，而是接受了现在的理解，将其作为我们的新现实。也就是说，如果我们认为我们知道，我们就没有疑问；如果我们没有疑问，我们就没有选择。鉴于我们的经历是不断变化的，从不同的角度看任何事情都是不同的，我们在不知不觉中放弃了自己都不知道的好处。这件事可能引起广泛的负面影响。顾名思义，接受现状会限制创新出现。

我们也许没有生活在一个完全无意识的乌托邦中，但我们所经历的无意识程度远远超过我们大多数人的认识。

在觉知乌托邦中，我们会发生什么变化？重要的是身心合一表明，我们不必成为激情的奴隶、成瘾的受害者或被环境中的诱因和线索所控制，我们可以成为自己命运的主人。从某种意义上说，健康可能只在一念之间。

在觉知乌托邦中，我们将不再妄加评论，而是从行为者的角度出发，认识到他们的行为是有意义的。当我们被评判时所感受到的不适感也会消失，我们会愿意尝试新事物，而不必在意我们"应该做什么"或其他人在做什么。这样一来，我们的压力就会大大减小。压力越小，越健康。

我们不妨思考一下，如果我们不受匮乏忧虑的支配，生活会是什么样子。如果我们生活在富足的世界里,社会比较、预测和决策就变得不重要了,规则也不会成为有意义的约束。如果你总是想要什么就能得到什么,那么你做什么决定就不重要了;如果你的决定不重要,也就不需要预测了。我们会进行社会比较,看看谁更值得拥有有限的资源,而在富足的世界里,这些比较也会被淡忘。当匮乏的忧虑消失后,僵化的规则就变成了约定俗成的惯例。我们制定规则,是为了让人们恪守规则,而人们通常会破坏规则,以便得到他们想要的东西。如果他们总能如愿以偿,那么破坏规则就变得没有必要了。

最重要的假定稀缺资源是医疗保健。正如我们所看到的,我们的健康在很大程度上受我们的心理支配,因此我们每个人都可以拥有健康。

尽管我们常常把乌托邦与完美联系在一起,但要创建一个有觉知的乌托邦,我们需要以某种方式摒弃完美这一静态概念。也许用"不确定的期望"这一理念来取代"完美"会更好。我们仍然鼓励对未来抱有期望,但我们可以自由地调整和改变我们的期望,以适应当前的环境。完美就是完全接受不确定性。

想想我们的学校。为什么人们认为学习一定是乏味的、艰苦的,而很少是令人愉快的?我们的研究表明,有觉知的学习能给我们带来活力和乐趣。我们可以将学术课题游戏化,也可以简单地教授觉知学习的方法,这将使死记硬背变得过时。死记硬背会危害健康，因为它会给人带来压力。此外，在觉知学校里，没有赢家和输家，因此压力同样会减小。如何做到这一点的细节并不重要，重要的是我们相信应该这样做。

那么在商业环境中呢？在商业世界中，人们往往会不假思索地认为，完成任何事情都需要别人告诉他们该怎么做。相反，在乐团指挥蒂莫西·罗素、我的学生诺亚·艾森克拉夫特和我进行的一项研究中，我们发现情况并非总是如此[4]。在我们的实验中，我们指导一些交响乐团（即使他们不是严格意义上的企业）在每次演奏时都要有觉知，努力使他们的表演有些许新意；与此相反，我们指示其他乐团复制他们过去满意的表演，我们将其定义为无觉知演奏。我们对演奏进行了录音，并播放给不了解这项研究的人听。结果表明，人们对有觉知的演奏展现出了强烈的偏好。在将这些结果撰写成论文发表时，我突然想到，这些发现为领导者提供了一些新颖的建议。我们发现当有觉知地做自己的事情，并主动注意到音乐中的新事物时，每个人都会有出色的协调表现。也许领导者的主要工作就像教师一样，是鼓励被领导的人保持觉知。

同样，如果我们放宽对工作资格的传统观念，可能会有许多令人兴奋的可能性在等待着我们。从某种意义上说，没有人拥有适合任何特定工作的经验。教师接受培训是为昨天而不是明天做准备；跨国公司的首席执行官所管理的公司与他们掌权之前的公司不同，所处的环境也不同。如果你要聘用教师和员工，你可以通过有意识地调整明天的任务来匹配他们的长处，而不是毫无觉知地聘用那些长处与昨天的任务相匹配的人，这样可能会取得更好的成功。每个人都有自己的长处，更重要的是，通过创建有觉知的学校和企业，我们学会了如何避免用昨天的办法来解决今天的问题。如此则成功越大，压力越小；压力越小，越健康。

健康新方法

几十年前，我曾是一家疗养院的顾问。因为没有穿白大褂，我就随身带着一个写字板，以表明我的正式身份。过了一段时间，我发现自己从未使用过它，但还是带着它来确立自己的身份。意识到这一点后，我就把它留在了家里。我觉得，无论我想获得什么样的尊重，都必须基于我现在的行为，而不是我的证明。当我放下"研究员/顾问"的身份，仅仅以一个普通人的身份在那里度过一段时间后，我惊讶地发现，访问对我来说意义更大了，而且我也从中获得了更多。

同样，我认为医务人员只有在执行医疗程序时才应该穿着制服，这样他们在病床边停留时会显得更加平易近人。而且他们将显露出个人的人性，而不是无觉知地承担医疗角色。在这种情况下，医护人员与病人之间的积极关系可能会更加融洽。

在觉知乌托邦中，医务人员要做的不仅仅是换衣服。他们将学会关注病人症状、举止和整体健康的变化，因为注意可变性能让每个人都保持专注和投入，医生和护士的职业倦怠自然会减少。而且，与更有觉知的工作人员互动的患者可能会更有信心，因为他们的声音被听到了。其中最重要的是，通过注意可变性，医务人员可以利用有关变化的信息来改善对病人的护理，加快康复的速度。

此外，医务人员还应教病人成为自身健康的积极参与者，并提高他们整体的意识，而不仅仅是增强对症状变化的关注。鉴于选择对保持健康生活的重要性，患者需要明白，他们是保持自己健康的全面合作伙伴。

如果问："觉知乌托邦是一种什么样的感觉？"也许最重要的是，我们会体验到改变想法、创造选择并在其中做出决定的能力所带来的积极影响，以及对生活的掌控和自主权。

随着大众对觉知认识不断加深，难免会有人试图通过贬低觉知来博取名声。因此，当一位采访我的记者问我觉知是否只是一种时尚时，我并不感到惊讶。我的回答是："如果你每天都把吐司烤焦，而有人告诉你，你只需要换一下烤面包机的调温器，那么过一段时间你还会再烤焦面包吗？"一旦我们学会做一些有帮助的事情，它就不是一种时尚，而是一种生活方式。

有觉知的医学

医疗事故层出不穷。当我们意识到无论医生多么聪明、多么有爱心,他们也是人,人也会犯错时,这也许就不足为奇了。在任何一天,护士和医生都可能睡眠不足、压力过大或忙于私事。也许最重要的是,人们经常会失去理智。畅销书作家、社会心理学家罗伯特·西奥迪尼(Robert Cialdini)讲述了这样一个案例:一名护士接到指示"把药放到右耳中",她听成了"耳后",而不是"右耳"[5]。无论是对医生还是对护士的医学教育,都在许多方面无意中鼓励了无觉知行为:所学到的事实往往被视为一成不变的绝对事实,对怀疑或不确定性的容忍度很低,病人被按照先入为主的模式分组。日内瓦大学医院的医生沙哈尔·阿尔兹(Sharhar Arzy)和她的同事们进行了一项研究,结果表明,只要给医生一个误导性的细节,就会让他们在诊断时陷入误区[6]。他们给一组内科医生提供了10个关于医疗问题的小故事,要求他们做出诊断,每个小故事中都有一个误导性细节。例如,一个发生滑雪事故的年轻女孩抱怨疼痛,她的疼痛是由非霍奇金淋巴瘤引起的,他们掌握的数据也清楚地表明了这一点,但由于滑雪事故的细节误导,他们误诊了。在研究过程中,误导性细节的存在导致了90%的误诊率。同样,当人们无觉知时他们经常会出错,很少会有疑问。也许医生和我们一样,如果他们把不确定性视为常规而不是例外的话,工作效率会更高——当我们知道我们不知道的时候，我们就会更加关注当前的情况。

医生兼作家阿图尔·加万德（Atul Gawande）一直站在减少医疗事故的最前沿。他首创了手术核对表，以确保手术团队遵循标准程序，不会毫无觉知地忽略可能会给患者健康带来巨大损失的小细节[7]。每次手术前，手术团队都要仔细检查核对表，并确认一些重要细节，如病人在做切口前是否服用了抗生素以减少术后感染的可能性。迄今为止，加万德已经收集了8家医院约1000台手术的数据，发现使用核对表后，错误率降低了50%，这一结果令人印象深刻。

当然，核对表并不总能确保觉知的存在。事实上，当清单上的问题变得太熟悉时，我们可能就不再关注了。当我在机场填写一份关于我所带行李的核对表时，在回答了前两三个问题后，答案往往就很明显了，那就是"没有"，所以我觉得没必要再仔细阅读剩下的问题了。"没有，我在机场没有让任何人帮我看行李箱；没有，我的行李箱里没有武器"；等等。

与我们只回答"是"或"否"的核对表不同，如果需要更细致的回答，会发生什么情况呢？例如，与其问"病人是否警觉？"，不如问"病人有多警觉？"，后面的问题可能会让医务人员更仔细地观察病人以做出评估。甚至更开放式的问题，如"病人的瞳孔有多大？"也会引发更仔细的检查。

心理健康

核对表的另一个问题是,即使问题可以在连续的范围内回答而不是简单地回答"是"或"否",但核对表已假定我们知道要寻找什么,而且我们需要衡量对先入为主的观念的反应。有时,更好的方法可能是收集原始的、未分类的数据,看看我们能从中学到什么新东西,而不是将其塞进旧的类别中。最有前途采用这种方法的领域之一是心理健康领域。

毫不夸张地说,如果精神疾病得不到诊断,就会给抑郁症患者及其家人、邻居和同事带来巨大的健康风险。然而,为识别高危人群而进行的当面筛查既昂贵又耗时,而且往往不准确。更重要的是,人的心理健康可能并不完全符合预先分好的类别。

安德鲁·里斯(Andrew Reece)是我的学生,他的博士论文旨在研究能否从社交媒体数据中识别出精神疾病的预测标记[8]。他首先对社交网络上发布的文字和图片进行了扫描和解读,看看是否有可能识别出抑郁症和创伤后应激障碍的高危人群。他查看了大量数据,并使用颜色分析、人脸检测、语义分析和自然语言处理来识别所发布的照片和文本中可能有助于预测的特征。我们可以认为所有这些方法都是试图在原始数据(照片和文本)中找到新的、隐藏的但又一致的模式,而不是试图将原始数据归类为预先确定的诊断类别。

最终,在计算机的帮助下,安德鲁的模型能够区分健康人和抑郁症患者，与全科医生成功做出分类诊断的能力不相上下，甚至更胜一筹。即使他的分析仅限于首次诊断出抑郁症之前发布的社交媒体内容，情况也确实如此，抑郁症显然可以在临床医生诊断前几个月就被诊断出来。

试想一下早期筛查和发现精神疾病的好处。如果我们能及早发现，痛苦就会大大减少，也许就不需要住院治疗了。当然，我们也有可能开始无意识地依赖计算机程序，而这些程序是在可能有不同的相关信息的更早期编写的，现在这些信息已经发生了变化，这意味着人类的干预永远不会变得不必要。

有觉知的医院

虽然目前医学界的大多数人可能不同意我关于压力是头号杀手的观点，但很难找到不认为与我们的疾病有关的压力对我们的健康有害的人。然而，目前人们很少关注如何让医院或更普遍的医疗管理来减少人们的压力。出于一些原因（比如锁骨骨折、做胸部X光检查），我们必须去医院。表面上医院是用来治病的，但当我们走进医院时，我们很可能会因为恐惧而病情加重。此外，我们的注意力可能会被那些比我们更糟糕的人吸引，他们似乎代表着未来的我们。无菌的环境，大厅里快速走动、面部表情严肃的医务人员再次传达出阴郁和厄运的信息。这显然不是我们想待的地方。

也许这在重症监护室是合理的，但在医院的其他地方，这种做法的明智性就值得怀疑了。另一方面，儿童病房往往被打造得多姿多彩、轻松愉快，多彩和欢乐并不意味着我们的疾病不需要认真治疗，而如果你是一名成年人，你在医院的环境与你作为儿童患者的环境截然不同。到了什么年龄，我们会愿意放弃令人振奋的环境而选择一个充满压力的环境呢？

有觉知的医院是什么样的？我认为，在这样的医院里，人们不再担心疾病和死亡，而是学习如何生活。

首先，病人的家属和重要他人将参与病人护理的方方面面。根据我的经验，在典型的医院环境中，重要他人往往感到无助，而他们本可以提供很大的帮助。我母亲住院时，如果我能至少把她的轮床推到X光室，我和母亲都会感到安慰和安心。但保险起见，这不被允许。我们不得不等待一位17岁的工作人员将她转移到那里。

通过了解让家人就在身边的重要性，医院可以与儿童护理中心合作，这样父母在孩子住院时就不必担心孩子，还可以在重要的时候看望他们。

一家有觉知的医院会认识到与有类似健康问题的人建立关系的重要性。因此，病人可以选择参加各种小组活动，这些活动可能包括温和的椅子瑜伽、冥想、正念练习、纸牌游戏和小组讨论。因此，与其让病人彼此隔绝，不如从一开始就鼓励他们建立友谊，并想方设法互相帮助。正如我已经提到的，大量社会心理学研究发现，社会支持对我们的健康非常重要。

我们知道物理环境对身心健康有多么重要，因此，有觉知的医院将充满色彩。它既像水疗中心，也像医疗机构。有觉知的医院将鼓励人们思考医院之外的生活，并将这种生活与花园、起居室和厨房联系起来。事实上，瑞典查尔姆斯理工大学医疗保健建筑研究中心的建筑学教授罗杰·乌尔里希（Roger Ulrich）在一项研究中发现，与住在面对砖墙的病房中的人相比，被分配到窗户能俯瞰花园的病房的人痊愈得更快，需要的止痛药也更少[9]。带有觉知的医院的使命将是动态、持续地扩展健康和治疗的可能性。每一位员工的目标都是鼓励患者为自己的生活增添更多的活力，而不仅仅是维持生命。

实现新的个人控制

大约 30 年前，在一位朋友的鼓励下，我觉得去看虹膜医生会很有趣。虹膜学是传统医学的一种替代疗法，利用虹膜的特征来揭示我们健康的方方面面。在我的朋友提起之前，我根本不知道虹膜学的存在，但我很想了解更多。虹膜学家给我的眼睛虹膜拍了一张照片，然后告诉我，我的胆囊有点小问题。碰巧的是，一周前我因为胃部顽固性疼痛去看了医生，医生说我得了胆结石，给我开了肉汤、明胶和休息一周的处方。令我惊讶的是，虹膜学家从我眼睛的照片上发现了这一点。想想我在本书中阐述的内容，你就不会感到惊讶了，虹膜学家的发现也不再让我觉得不可思议。我相信，一切存在于我们身体任何层面上的东西，在每一个层面上都是存在的，只是我们还没有工具去看到它，甚至还没有意识到我们应该去看一看。

即使在最简单的情况下，强大的心态也会抑制我们的能力。丹·西蒙（Dan Simon）和克里斯·查布里斯（Chris Chabris）在哈佛大学时进行的大猩猩/篮球研究就是一个很好的例子。在他们的研究中，参与者观看了一段人们打篮球的视频，在比赛过程中，一个穿着大猩猩衣服的人出现在球场上[10]。令人惊讶的是，大多数观看视频的人都没有看到大猩猩。丹在哈佛大学的一次学术研讨会上展示了这个视频后，我们进行了一项试验研究，看看谁注意到了大猩猩。首先，我们给一组人下达了注意的指令。"你们将看到一段篮球比赛的视频，它在某些方面和其他篮球比赛一样。但同样肯定的是，每场比赛都是不同的。在观看视频时，请注意它的相同点和不同点"；另一组人则在没有任何指导的情况下观看视频。大多数接受过指导的参与者都看到了大猩猩。

丹和克里斯的研究是我在第9章中描述的实验的更复杂版本[11]。当我们向人们展示一张索引卡，卡上有人们熟悉的短语和重复的单词时，大多数人都没有看到重复的单词。即使我们用钱奖励他们做出正确回答，或者让他们告诉我们卡片上有多少个单词，他们也没有看到。与此相反，刚刚完成冥想的人看到了重复的单词，而在场那些有觉知的人也看到了。

科学界也存在这种盲目性。纽约大学计算医学研究所的伊泰·柳井（Itai Yanai）和德国海因里希·海涅大学计算机科学研究所和生物系的马丁·勒彻（Martin Lercher）发现，当他们的参与者有强烈的假设时，他们会错过显而易见的东西[12]。也就是说，我们往往会发现我们正在寻找的东西，而错过了其他可以看到的东西。参与者要分析一项研究的数据集，据称该研究涉及1786人的体重指数和他们一天的步数。他们绘制了数据集，每个人一个点，最终绘制出一只大猩猩。那些带着明确假设来参加实验的参与者不太可能看到大猩猩图像。我们的期望越强烈，我们就越盲目。因此，当医生阅读病人的病历时，如果不提醒他们注意，他们就会被病历锁定，错过重要信息，这并不奇怪。

有时候，我们的思维定式并不会让我们看不见本来可以看见的东西，而是会给我们带来其他麻烦。心理学家丹·韦格纳（Dan Wegner）发现，当我们被要求不要去想某件事情，比如一只白熊时，无论我们如何努力，它还是会回到我们的脑海中。这就是著名的"白熊效应"。[13]

我想到这种效果可能只发生在对熊有先入为主的概念的人身上。我和我的学生们测试了这一点，他们给一组人只看一只白熊，同时给另一组人看四只不同样子的白熊——瘦的、胖的、老的、年轻的——然后我们给他们下达指令"不要想白熊"。对后一组人来说，他们不清楚不应该想哪只白熊，于是现在他们有了选择并开始觉知了；而第一组人在遵循这一指令时遇到了困难。这一发现对我们健康的重要意义在于，我们可以比我们能意识到的更多地控制自己的想法。与其试图不去想某件事情，比如癌症是否无法治愈或糖尿病是否无法控制，不如用不同的方式去想它。我们可以选择如何思考问题，通过重新思考或从不同角度重新构思，我们可以实现新的个人控制。

第 11 章
觉知乌托邦

"当一切都不确定时，一切皆有可能。"

——玛格丽特·德拉布尔

"你生来就有翅膀，为什么偏偏要在生活中爬行？"

——鲁米

无论是萧伯纳笔下的伊莱莎·杜利特尔（一个被亨利·希金斯帮助转变为上流社会女性的伦敦花季少女）还是洛奇·巴尔博亚（一个成为世界冠军的小拳击手），我们的文化中都有无数可能发生重大变化的例子。这是许多我们最喜爱的故事的主题。但是，尽管我们相信变化的故事，我们却往往不相信变化是为了我们自己。

大多数有觉知的思考都是处理僵化理解的预包装信息。衰老是一个失去的时期，我们中的一些人就是比其他人更有价值，或者慢性病是无法治愈的，但是有觉知的生活能让我们看透这些想法，因而能让我们更容易接触到那些通常被我们忽视的新的可能性。

事实上，有相当多的数据表明，任何年龄段的人只要稍加努力，就能在大多数方面达到比目前更高的水平。罗伯特·罗森塔尔（Robert Rosenthal）和莱诺·雅各布森（Lenore Jacobson）在1968年对"皮格马利翁效应"（Pygmalion Effect）进行了重要研究，结果表明，改变教师对学生的期望值，可以使那些没有理由相信自己特殊的学生脱颖而出[1]。在这项研究中，研究者随机选中一些小学生，他们的老师被告知这些学生实际上是一块璞玉，从而激发了老师的期望，即这些学生都有隐藏的天赋，也许老师可以把他们挖掘出来，帮助他们发展。到学年结束时，这些学生的智商分数明显提高。植入"可能性"的想法会改变结果，这与安慰剂的作用方式并无二致。但是，我们仍然在引导大多数学生相信，他们不具备所需的能力。

我们常常认为自己已经尽力了。但我们没有，甚至差得很远。我们对自己和彼此的期望往往低得可怜。我相信在我们的体能、情感、健康和认知能力方面都是如此。如果我在一次能力测试中获得了30分（满分100分），然后又获得了50分（满分100分），那么进步是显而易见的。但如果我在第二次测试中成绩更差，如果我刻板地认为成功通常是直线发展的，我为什么会相信自己能够成功呢？而成功通常不会直线发展。我们先是做得更好，然后又做得不太好，如果我们继续努力，往往会做得更好。

我们面临的评判不仅局限于考试。我们的思想质量也会受到评判，但评判的标准是什么呢？如果我们对世界的看法与他人不同，我们往往会被认为是低水平的从而遭到嘲笑。伽利略威胁了主流世界观，因此被判定为异端，被判处终身监禁。很少有思想能像他的思想一样震撼人心，然而我们中的许多人仍然不敢有不同的想法，因此仍然被我们的无知所禁锢。

我们很早就被灌输了这些限制。父母、老师和我们的文化强化了这些低期望值。"你不能在16岁喝酒，因为你还不够聪明，不知道你在什么时候已经喝得够多。"警告和限制的共同点是注重预防，诚然，如果16岁的孩子完全不喝酒，问题就不会出现。但这是创造一种文化的最有效方法吗？我认为不是。我认为，向能够适度饮酒的16岁少年学习，可能会更好。与其从底层或规范开始教起，也许我们应该从成功者开始，并假定他们的成功对我们其他人来说也是有意义的。目前，当我们发现某些人在某些方面比我们大多数人强得多时，我们会给他们贴上"超级"的标签：超级品尝者、超级嗅觉者、天才、卓越的学习者。这意味着我们其他人不可能做得那么好，但我们无法知道事实是否如此。

例如，在我们进行"逆时针"研究之前，我知道大多数人都认为视力一定会随着年龄的增长而下降。有些人可能会承认存在例外的情况，但一般人都认为这是事实，而且是生物学决定的[2]。然而，我们对"普通"而非特殊的成年人进行的研究发现，视力是可以改善的，这对我们很多人来说都是重要的事。

"逆时针"研究中的参与者通过体现年轻时的自己，表明老年人的能力远远超出了人们的想象。年轻人也是如此吗？如果年轻人化身为未来的自己——顺时针而不是逆时针——他们是否会在他们被认为太不成熟的情况下表现出未来年长者的敏锐和感性？我和我的实验室成员相信这一点，但尚未进行测试。我们还相信，他们可以在不放弃年轻特有的觉知的情况下做到这一点。

我在本书中介绍的已完成的研究结果表明，很多我们认为不可能实现的事情，现在可能真的可以实现了：不需要密集的训练或高昂的成本，视力和听力可以改善，慢性病的症状可以减轻，我们可以减轻压力、不那么吹毛求疵、变得更快乐等。

无论年龄多大，我们都有更多可能。正如我的朋友兼艺人佐伊·刘易斯（Zoe Lewis）所唱的那样："你永远不会因为太老而不年轻。不要因为变老而停止玩耍，否则你会因为停止玩耍而变老。当他们告诉你要按年龄行事时，是他们缺乏专业知识，因为年龄并不重要，除非你是一瓶酒或一块奶酪。当暮年之光洒在你身上，你以为你已经完成了一切，但实际上你总能找到新的东西。"无论我们是年老还是年轻，都可以毫不犹豫地过充实的生活。我们可以在任何时刻选择自己想要的年龄，为什么要等待？

随着越来越多的人开始认识到并利用不确定性的力量，觉知乌托邦可能会比许多人想象的更近。一旦我们认识到是过去无觉知的决定限制了我们，那么几乎没有什么可以阻止我们重新设计世界，以更好地满足我们当前的需求，而不是用昨天来决定今天和明天。当我们这样做的时候，以前被认为不可能的事情可能会变成一种新的可能性。现在不正是让一切都出乎意料，让我们每个人都成为自己故事的主人公的时候吗？

在我们当前的世界里，我们假定自己是普通的，我们无法站在顶端。我们认为自己无法承担"他们"所能承担的风险，做出重要决定也不是我们的强项。我们根本不在正态分布的两端，但这种思维方式导致产生了一个垂直的社会，我们不断被比较，看谁比我们更好或更差。

一旦我们对开篇所讨论的行为基础提出疑问，垂直就会变成水平。是的，我们每个人都彼此不同，但并不是绝对意义上的好与坏。

在我的孙子埃米特和提奥五岁时，我为他们写了一首小歌，曲调是莎拉·李（Sara Lee）广告的旋律。这首歌的曲调并不优美，你可能会庆幸自己是在读歌词，而不是在听我唱歌。尽管如此，我还是经常唱给他们听，甚至唱给我的学生听，因为我认为这首歌的基本思想非常重要。它的歌词是这样的：

> 每个人都有他们不知道的东西，但每个人都知道一些别的东西。
> 每个人都有他们不能做的事，但每个人都能做其他一

些事。

有一天，提奥在我们在车里时开始吹口哨，我说："提奥，你真会吹口哨。"这时，他的弟弟埃米特说："埃伦奶奶，提奥在学吹口哨的时候，我在学别的东西。"希望他们永远不会觉得自己比别人差，一个有觉知的身体会迎接长大的自己。

致谢

《无意识顺从与觉知》经历了多次修改,因此我有很多非常感谢的人。当这本书开始写成回忆录时,我向多米尼克·布朗宁(Dominique Browning)、劳里·海斯(Laurie Hays)、帕梅拉·佩因特(Pamela Painter)和菲莉斯·卡茨(Phyllis Katz)等几位非凡的作家朋友寻求智慧,看看我是否披露了太多的私人冒险经历,也看看其他故事是否不够有趣,不值得纳入其中。

我的挚友戴维·米勒(David Miller)曾与我合作过《专念学习力》《专念创造力》和《逆龄生长》。这本书变成了一本想法回忆录,似乎更适合重新考虑我过去的想法和现在的新想法。

新的想法纷至沓来,我的想法回忆录集合成了现在这本书。与我尊敬的同事、朋友和实验室成员菲利普·梅明(Philip Maymin)和斯图·阿尔伯特(Stu Albert)不停进行的讨论,让我的创作历程充满激情。他们可能是我见过的仅有的想法可能比我自己还要极端的人。我尤其要感谢我的挚友和学者莱诺尔·韦茨曼,她几乎煞费苦心地评论了手稿中的每一句话。

我感谢我实验室的成员，包括过去和现在的教师、博士后、研究生和本科生，他们中的许多人现在都是教授，管理着自己的实验室，但他们始终是拓展和完善我的研究的最重要的参与者。

我代表读者衷心感谢乔纳·莱勒（Jonah Lehrer）、丽莎·亚当斯（Lisa Adams）和我在兰登书屋的编辑玛妮·科克伦（Marnie Cochran），是他们的编辑能力帮助我完成了这本书。最后，我要感谢默洛伊德·劳伦斯（Merloyd Lawrence），我第一次与她合作编写《专念》。她是一位杰出的编辑和挚友，就在不久前，她去世了。她曾试图驯服我，因为她认为我已经离许多人认为不可能的东西太远。

正如本书的回忆录草稿所明确指出的那样，无论过去还是现在，我都拥有一个非常支持我的家庭，这让我能以不同的方式思考，思考如何为每个人创造一个富足的世界。我向他们每个人表示感谢和爱意。

注释

前言

1. Langer, Ellen J. *Mindfulness*. Addison-Wesley/Addison Wesley Longman, 1989.
2. Langer, Ellen J. *Counterclockwise: Mindful health and the power of possibility*. Ballantine Books, 2009.

第 1 章

1. Fazio, Russell H., Edwin A. Effrein, and Victoria J. Falender. "Self-perceptions following social interaction." *Journal of Personality and Social Psychology* 41, no. 2 (1981): 232.
2. Chasteen, Alison L., Sudipa Bhattacharyya, Michelle Horhota, Raymond Tam, and Lynn Hasher. "How feelings of stereotype threat influence older adults' memory performance." *Experimental aging research* 31, no. 3 (2005): 235-260.
3. Spencer, Steven J., Claude M. Steele, and Diane M. Quinn. "Stereotype threat and women's math performance." *Journal of experimental social psychology* 35, no. 1 (1999): 4-28.
4. Ngnoumen, Christelle Tchangha. "The use of socio-cognitive mindfulness in mitigating implicit bias and stereotype-activated behaviors." PhD dissertation., Harvard University, 2019.
5. Greenwald, Anthony G., Brian A. Nosek, and Mahzarin R. Banaji. "Understanding and using the implicit association test: I. An improved scoring algorithm." *Journal of personality and social psychology* 85, no. 2 (2003): 197.
6. Langer, Ellen J. *On becoming an artist: Reinventing yourself through mindful creativity*. Ballantine Books, 2007.
7. Aungle, Peter, Karyn Gunnet-Shoval, and Ellen J. Langer. "The Borderline Effect for Diabetes: When No difference makes a difference." *Unpublished manuscript*.

第 2 章

1. Morris, Michael W., Erica Carranza, and Craig R. Fox. "Mistaken identity: Activating

conservative political identities induces "conservative" financial decisions." *Psychological Science* 19, no. 11 (2008): 1154–1160.
2. Gilbert, Daniel. *Stumbling on happiness*. Vintage Canada, 2009.
3. Langer, Ellen J. "The illusion of control." *Journal of personality and social psychology* 32, no. 2 (1975): 311.
4. Fast, Nathanael J., Deborah H. Gruenfeld, Niro Sivanathan, and Adam D. Galinsky. "Illusory control: A generative force behind power's far-reaching effects." *Psychological Science* 20, no. 4 (2009): 502–508.
5. Fenton-O'Creevy, Mark, Nigel Nicholson, Emma Soane, and Paul Willman. "Trading on illusions: Unrealistic perceptions of control and trading performance." *Journal of occupational and organizational psychology* 76, no. 1 (2003): 53–68.
6. Glass, David C., and Jerome E. Singer, *Urban stress: Experiments on noise and social stressors*. New York: Academic Press, 1972.

第3章

1. REFERENCE TO COME Wendy Smith
2. Langer, Ellen J., and Loralynn Thompson, "Mindlessness and Self Esteem: The Observer's Perspective," Harvard University (1987).
3. Twain, Mark, *The Prince and the Pauper*. New York, Bantam Dell, 2007.
4. Queneau, Raymond, *Exercises in Style*. London: John Colder, 1998.
5. Moldoveanu, Mihnea, and Ellen Langer. "False memories of the future: A critique of the applications of probabilistic reasoning to the study of cognitive processes." *Psychological Review* 109, no. 2 (2002): 358.
6. Langer, Ellen, Maja Djikic, Michael Pirson, Arin Madenci, and Rebecca Donohue. "Believing is seeing: Using mindlessness (mindfully) to improve visual acuity." *Psychological Science* 21, no. 5 (2010): 661–666.

第4章

1. Janis, Irving L., and Leon Mann. *Decision making: A psychological analysis of conflict, choice, and commitment*. Free press, 1977.
2. Kahneman, Daniel. *Thinking, fast and slow*. Macmillan, 2011.

3. Ansoff, H. Igor. *Corporate strategy: An analytic approach to business policy for growth and expansion*. McGraw-Hill Companies, 1965.
4. Schwartz, Barry. "The paradox of choice: Why more is less." *New York* (2004).
5. Simon, Herbert A. "Rational choice and the structure of the environment." *Psychological review* 63, no. 2 (1956): 129.
6. Hendrick, Clyde, Judson Mills, and Charles A. Kiesler. "Decision time as a function of the number and complexity of equally attractive alternatives." *Journal of Personality and Social Psychology* 8, no. 3p1 (1968): 313.
7. Iyengar, Sheena S., and Mark R. Lepper. "When choice is demotivating: Can one desire too much of a good thing?." *Journal of personality and social psychology* 79, no. 6 (2000): 995.
8. Lindstrom, Martin. *Buyology: Truth and lies about why we buy*. Currency, 2008.
9. Beilock, Sian L., and Thomas H. Carr. "When high-powered people fail: Working memory and "choking under pressure" in math." *Psychological science* 16, no. 2 (2005): 101-105.
10. Danziger, Shai, Jonathan Levav, and Liora Avnaim-Pesso. "Extraneous factors in judicial decisions." *Proceedings of the National Academy of Sciences* 108, no. 17 (2011): 6889-6892.
11. Kahneman, Daniel, and Amos Tversky. "Prospect theory: An analysis of decision under risk." In *Handbook of the fundamentals of financial decision making: Part I*, pp. 99-127. 2013.
12. Damasio, Antonio R. *Descartes' error*. Random House, 2006.
13. Ibid
14. REFERENCE COMING Regret

第5章

1. White, Judith B., Ellen J. Langer, Leeat Yariv, and John C. Welch. "Frequent social comparisons and destructive emotions and behaviors: The dark side of social comparisons." *Journal of adult development* 13, no. 1 (2006): 36-44.
2. Festinger, Leon. "A theory of social comparison processes." *Human relations* 7, no. 2 (1954): 117-140.

3. McGuire, William J. "An additional future for psychological science." *Perspectives on Psychological Science* 8, no. 4 (2013): 414–423.
4. Rickless, Samuel. "Plato's Parmenides." (2007).
5. Nichols, Kristopher L., Neha Dhawan, and Ellen J. Langer. "Try versus Do: The framing Effects of Language on Performance." *In preparation*.

第 6 章

1. Engel, George L. "The clinical application of the biopsychosocial model." In *The Journal of Medicine and Philosophy: A Forum for Bioethics and Philosophy of Medicine*, vol. 6, no. 2, pp. 101–124. Oxford University Press, 1981.
2. Rodin, Judith, and Ellen J. Langer. "Long-term effects of a control-relevant intervention with the institutionalized aged." *Journal of personality and social psychology* 35, no. 12 (1977): 897.
3. Schulz, Richard, and Barbara H. Hanusa. "Long-term effects of control and predictability-enhancing interventions: Findings and ethical issues." *Journal of personality and social psychology* 36, no. 11 (1978): 1194.
4. Langer, Ellen J., Pearl Beck, Cynthia Winman, Judith Rodin, and Lynn Spitzer. "Environmental determinants of memory improvement in late adulthood." *Journal of Personality and Social Psychology* 37, no. 11 (1979): 2003.
5. Alexander, Charles N., Ellen J. Langer, Ronnie I. Newman, Howard M. Chandler, and John L. Davies. "Transcendental meditation, mindfulness, and longevity: an experimental study with the elderly." *Journal of personality and social psychology* 57, no. 6 (1989): 950.
6. Schiller, Maya, Tamar L. Ben-Shaanan, and Asya Rolls. "Neuronal regulation of immunity: why, how and where?." *Nature Reviews Immunology* 21, no. 1 (2021): 20–36.
7. Landhuis, Esther. "The Brain Can Recall and Reawaken Past Immune Responses." Quanta Magazine, November 8, 2021. https://www.quantamagazine.org/new-science-shows-immune-memory-in-the-brain-20211108/.
8. Ben-Shaanan, Tamar L., Hilla Azulay-Debby, Tania Dubovik, Elina Starosvetsky, Ben Korin, Maya Schiller, Nathaniel L. Green et al. "Activation of the reward system boosts innate and adaptive immunity." *Nature Medicine* 22, no. 8 (2016): 940–944.

9. Ibid
10. Pagnini, Francesco, Cesare Cavalera, Eleonora Volpato, Benedetta Comazzi, Francesco Vailati Riboni, Chiara Valota, Katherine Bercovitz et al. "Ageing as a mindset: a study protocol to rejuvenate older adults with a counterclockwise psychological intervention." *BMJ open* 9, no. 7 (2019): e030411.
11. Hsu, Laura M., Jaewoo Chung, and Ellen J. Langer. "The influence of age-related cues on health and longevity." *Perspectives on Psychological Science* 5, no. 6 (2010): 632-648.
12. Crum, Alia J., and Ellen J. Langer. "Mind-set matters: Exercise and the placebo effect." *Psychological science* 18, no. 2 (2007): 165-171.
13. Zahrt, Octavia H., and Alia J. Crum. "Perceived physical activity and mortality: Evidence from three nationally representative US samples." *Health Psychology* 36, no. 11 (2017): 1017.
14. Keller, Abiola, Kristin Litzelman, Lauren E. Wisk, Torsheika Maddox, Erika Rose Cheng, Paul D. Creswell, and Whitney P. Witt. "Does the perception that stress affects health matter? The association with health and mortality." *Health psychology* 31, no. 5 (2012): 677.
15. Rahman, Shadab A., Dharmishta Rood, Natalie Trent, Jo Solet, Ellen J. Langer, and Steven W. Lockley. "Manipulating sleep duration perception changes cognitive performance–an exploratory analysis." *Journal of psychosomatic research* 132, (2020): 109992.
16. Ibid
17. Camparo, Stayce, Philip Z. Maymin, Chanmo Park, Sukki Yoon, Chen Zhang, Younghwa Lee, and Ellen J. Langer. "The fatigue illusion: The physical effects of mindlessness." *Humanities and Social Sciences Communications*. (In Review).
18. Turnwald, Bradley P., J. Parker Goyer, Danielle Z. Boles, Amy Silder, Scott L. Delp, and Alia J. Crum. "Learning one's genetic risk changes physiology independent of actual genetic risk." *Nature human behaviour* 3, no. 1 (2019): 48-56.
19. Williams, Lawrence E., and John A. Bargh. "Experiencing physical warmth promotes interpersonal warmth." *Science* 322, no. 5901 (2008): 606-607.
20. IJzerman, Hans, and Gün R. Semin. "The thermometer of social relations: Mapping

social proximity on temperature." *Psychological science* 20, no. 10 (2009): 1214–1220.
21. Inagaki, Tristen K., and Naomi I. Eisenberger. "Shared neural mechanisms underlying social warmth and physical warmth." *Psychological science* 24, no. 11 (2013): 2272–2280.
22. Eisenberger, Naomi I., Matthew D. Lieberman, and Kipling D. Williams. "Does rejection hurt? An fMRI study of social exclusion." *Science* 302, no. 5643 (2003): 290–292.
23. Strack, Fritz, Leonard L. Martin, and Sabine Stepper. "Inhibiting and facilitating conditions of the human smile: a nonobtrusive test of the facial feedback hypothesis." *Journal of personality and social psychology* 54, no. 5 (1988): 768.
24. Ibid
25. Gunnet-Shoval, Karyn, and Ellen J. Langer. "Improving Hearing: Making it Harder to Make it Easier." *Unpublished manuscript*
26. Perky, Cheves West. "An experimental study of imagination." *The American Journal of Psychology* 21, no. 3 (1910): 422–452.
27. Morewedge, Carey K., Young Eun Huh, and Joachim Vosgerau. "Thought for food: Imagined consumption reduces actual consumption." *Science* 330, no. 6010 (2010): 1530–1533.
28. Ofer, Dalia, and Lenore J. Weitzman, eds. *Women in the Holocaust*. Yale University Press, 1998.
29. Berenbaum, Michael. *In memory's kitchen: A legacy from the women of Terezin*. Jason Aronson, 2006.
30. Ranganathan, Vinoth K., Vlodek Siemionow, Jing Z. Liu, Vinod Sahgal, and Guang H. Yue. "From mental power to muscle power—gaining strength by using the mind." *Neuropsychologia* 42, no. 7 (2004): 944–956.
31. Woolfolk, Robert L., Mark W. Parrish, and Shane M. Murphy. "The effects of positive and negative imagery on motor skill performance." *Cognitive Therapy and Research* 9, no. 3 (1985): 335–341.
32. Shackell, Erin M., and Lionel G. Standing. "Mind Over Matter: Mental Training Increases Physical Strength." *North American Journal of Psychology* 9, no. 1 (2007).
33. REFERENCE TO COME FRANCESCO VOLLEYBALL

34. REFERENCE TO COME PIANO ARTHRITIS
35. de Blok, Christel JM, Chantal M. Wiepjes, Nienke M. Nota, Klaartje van Engelen, Muriel A. Adank, Koen MA Dreijerink, Ellis Barbé, Inge RHM Konings, and Martin den Heijer. "Breast cancer risk in transgender people receiving hormone treatment: nationwide cohort study in the Netherlands." *Bmj* 365 (2019).
36. Van Anders, Sari M., Jeffrey Steiger, and Katherine L. Goldey. "Effects of gendered behavior on testosterone in women and men." *Proceedings of the National Academy of Sciences* 112, no. 45 (2015): 13805-13810.

第 7 章
1. Cohen, Stephen, Richard C. Burns, and Karl Keiser, eds. *Pathways of the pulp*. Vol. 9. St Louis: Mosby, 1998.
2. De Craen, Anton JM, Ted J. Kaptchuk, Jan GP Tijssen, and Jos Kleijnen. "Placebos and placebo effects in medicine: historical overview." *Journal of the Royal Society of Medicine* 92, no. 10 (1999): 511-515.
3. Ibid
4. Zweig, Stefan. *Mental Healers: Franz Anton Mesmer, Mary Baker Eddy, Sigmund Freud*. Plunkett Lake Press, 2019.
5. Syed, Matthew. *Black box thinking: The surprising truth about success*. John Murray, 2015.
6. Wolf, Stewart. "Effects of suggestion and conditioning on the action of chemical agents in human subjects—the pharmacology of placebos." *The Journal of Clinical Investigation* 29, no. 1 (1950): 100-109.
7. Kirsch, Irving, and Lynne J. Weixel. "Double-blind versus deceptive administration of a placebo." *Behavioral neuroscience* 102, no. 2 (1988): 319.
8. Macklin, Ruth. "The ethical problems with sham surgery in clinical research." *New England Journal of Medicine* 341, no. 13 (1999): 992-996.
9. Astradsson, Arnar, and Tipu Aziz. "Parkinson's disease: fetal cell or stem cell derived treatments." *BMJ* 352 (2016).
10. Moseley, J. Bruce, Kimberly O' malley, Nancy J. Petersen, Terri J. Menke, Baruch A. Brody, David H. Kuykendall, John C. Hollingsworth, Carol M. Ashton, and Nelda P.

Wray. "A controlled trial of arthroscopic surgery for osteoarthritis of the knee." *New England Journal of Medicine* 347, no. 2 (2002): 81-88.
11. Stone, Stephen P. "Unusual, innovative, and long-forgotten remedies." *Dermatologic Clinics* 18, no. 2 (2000): 323-338.
12. Wechsler, Michael E., John M. Kelley, Ingrid OE Boyd, Stefanie Dutile, Gautham Marigowda, Irving Kirsch, Elliot Israel, and Ted J. Kaptchuk. "Active albuterol or placebo, sham acupuncture, or no intervention in asthma." *New England journal of medicine* 365, no. 2 (2011): 119-126.
13. Hashish, I., W. Harvey, and M. Harris. "Anti-inflammatory effects of ultrasound therapy: evidence for a major placebo effect." *Rheumatology* 25, no. 1 (1986): 77-81.
14. Ilnyckyj, Alexandra, Fergus Shanahan, Peter A. Anton, Mary Cheang, and Charles N. Bernstein. "Quantification of the placebo response in ulcerative colitis." *Gastroenterology* 112, no. 6 (1997): 1854-1858.
15. Shiv, Baba, Ziv Carmon, and Dan Ariely. "Placebo effects of marketing actions: Consumers may get what they pay for." *Journal of marketing Research* 42, no. 4 (2005): 383-393.
16. Waber, Rebecca L., Baba Shiv, Ziv Carmon, and D. Ariely. "Commercial features of placebo and therapeutic." *Jama* 299, no. 9 (2008): 1016-1017.
17. Ibid
18. De Craen, Anton JM, Pieter J. Roos, A. Leonard De Vries, and Jos Kleijnen. "Effect of colour of drugs: systematic review of perceived effect of drugs and of their effectiveness." *Bmj* 313, no. 7072 (1996): 1624-1626.
19. Buckalew, Louis W., and Kenneth E. Coffield. "An investigation of drug expectancy as a function of capsule color and size and preparation form." *Journal of clinical psychopharmacology* 2, no. 4 (1982): 245-248.
20. Langer, Ellen J., Arthur Blank, and Benzion Chanowitz. "The mindlessness of ostensibly thoughtful action: The role of" placebic "information in interpersonal interaction." *Journal of personality and social psychology* 36, no. 6 (1978): 635.
21. Sokal, Alan D. "Transgressing the boundaries: Toward a transformative hermeneutics of quantum gravity." *Social text* 46/47 (1996): 217-252.
22. Beauchamp, Zack. "The Controversy around Hoax Studies in Critical Theory,

Explained." Vox. Vox, October 15, 2018. https://www.vox.com/2018/10/15/17951492/grievance-studies-sokal-squared-hoax.
23. Vernillo, Anthony. "Placebos in clinical practice and the power of suggestion." *The American Journal of Bioethics* 9, no. 12 (2009): 32–33.
24. Kirsch, Irving. "Placebo effect in the treatment of depression and anxiety." *Frontiers in Psychiatry* 10 (2019): 407.
25. Benedetti, Fabrizio, Helen S. Mayberg, Tor D. Wager, Christian S. Stohler, and Jon-Kar Zubieta. "Neurobiological mechanisms of the placebo effect." *Journal of Neuroscience* 25, no. 45 (2005): 10390–10402.
26. Park, Lee C., and Lino Covi. "Nonblind placebo trial: an exploration of neurotic patients' responses to placebo when its inert content is disclosed." *Archives of general psychiatry* 12, no. 4 (1965): 336–345.
27. Zhou, Eric S., Kathryn T. Hall, Alexis L. Michaud, Jaime E. Blackmon, Ann H. Partridge, and Christopher J. Recklitis. "Open-label placebo reduces fatigue in cancer survivors: a randomized trial." *Supportive Care in Cancer* 27, no. 6 (2019): 2179–2187.
28. Hoenemeyer, Teri W., Ted J. Kaptchuk, Tapan S. Mehta, and Kevin R. Fontaine. "Open-label placebo treatment for cancer-related fatigue: a randomized-controlled clinical trial." *Scientific reports* 8, no. 1 (2018): 1–8.
29. Barasch, Marc. "A Psychology of the Miraculous." Psychology Today. Sussex Publishers, March 1, 1994. https://www.psychologytoday.com/us/articles/199403/psychology-the-miraculous.
30. Challis, G. B., and H. J. Stam. "The spontaneous regression of cancer: a review of cases from 1900 to 1987." *Acta oncologica* 29, no. 5 (1990): 545–550.
31. Turner, Kelly A. "Spontaneous/radical remission of cancer: Transpersonal results from a grounded theory study." *Int J Transpersonal Stud* 33 (2014): 7.
32. Park, Chanmo, Francesco Pagnini, Andrew Reece, Deborah Phillips, and Ellen Langer. "Blood sugar level follows perceived time rather than actual time in people with type 2 diabetes." *Proceedings of the National Academy of Sciences* 113, no. 29 (2016): 8168–8170.
33. Crum, Alia J., William R. Corbin, Kelly D. Brownell, and Peter Salovey. "Mind

over milkshakes: mindsets, not just nutrients, determine ghrelin response." *Health Psychology* 30, no. 4 (2011): 424.
34. REFERNCE TO COME WOUND HEALING
35. REFERENCE TO COME COLD STUDY

第 8 章
1. Delizonna, Laura L., Ryan P. Williams, and Ellen J. Langer. "The effect of mindfulness on heart rate control." *Journal of Adult Development* 16, no. 2 (2009): 61-65.
2. Zilcha-Mano, Sigal, and Ellen Langer. "Mindful attention to variability intervention and successful pregnancy outcomes." *Journal of Clinical Psychology* 72, no. 9 (2016): 897-907.
3. Bercovitz, Katherine Elizabeth. "Mindfully Attending to Variability: Challenging Chronicity Beliefs in Two Populations." PhD dissertation., Harvard University, 2019.
4. Tsur, Noga, Ruth Defrin, Chiara S. Haller, Katherine Bercovitz, and Ellen J. Langer. "The effect of mindful attention training for pain modulation capacity: Exploring the mindfulness–pain link." *Journal of Clinical Psychology* 77, no. 4 (2021): 896-909.
5. Pagnini, Francesco, Deborah Phillips, Colin M. Bosma, Andrew Reece, and Ellen Langer. "Mindfulness, physical impairment and psychological well-being in people with amyotrophic lateral sclerosis." *Psychology & Health* 30, no. 5 (2015): 503-517.
6. Charon, Rita. "Narrative medicine." *New York* (2006).

第 9 章
1. Langer, Ellen J., and John Sviokla, (1988). Charisma from a mindfulness perspective. *Unpublished manuscript*, Harvard University, Cambridge, MA.
2. REFERENCE TO COME
3. REFERENCE TO COME Daoning Mindful Contagion and Terahertz Wave Daoning Zhang
4. REFERENCE TO COME Mindful Contagion: Implications for Alcoholism and Autism John, Francesco, Kris, Deb(?)
5. Ibid
6. Ibid

7. Ibid
8. Haller, Chiara S., Colin M. Bosma, Kush Kapur, Ross Zafonte, and Ellen J. Langer. "Mindful creativity matters: trajectories of reported functioning after severe traumatic brain injury as a function of mindful creativity in patients' relatives: a multilevel analysis." *Quality of life research* 26, no. 4 (2017): 893–902.
9. Levy, Becca, and Ellen Langer. "Aging free from negative stereotypes: Successful memory in China among the American deaf." *Journal of personality and social psychology* 66, no. 6 (1994): 989. (Ibid?)
10. Junqueira, Heather, Thomas Quinn, Roger Biringer, Mohamed Hussein, Courtney Smeriglio, Luisa Barrueto, Jordan Finizio, and Michelle Huang. "Accuracy of canine scent detection of lung cancer in blood serum." *The FASEB Journal* 33, no. S1 (2019): 635-10.
11. Trivedi, Drupad K., Eleanor Sinclair, Yun Xu, Depanjan Sarkar, Caitlin Walton-Doyle, Camilla Liscio, Phine Banks et al. "Discovery of volatile biomarkers of Parkinson's disease from sebum." *ACS central science* 5, no. 4 (2019): 599–606.
12. Langer, Ellen J., and Judith Rodin. "The effects of choice and enhanced personal responsibility for the aged: a field experiment in an institutional setting." *Journal of personality and social psychology* 34, no. 2 (1976): 191. (Ibid?)
13. Ibid

第 10 章

1. James, William. "What psychical research has accomplished." (1896).
2. Asch, Solomon E. "Studies of independence and conformity: I. A minority of one against a unanimous majority." *Psychological monographs: General and applied* 70, no. 9 (1956): 1.
3. Langer, Ellen J., Pearl Beck, Ronnie Janoff-Bulman, and Christine Timko. "An exploration of relationships among mindfulness, longevity, and senility." *Academic Psychology Bulletin* (1984).
4. Langer, Ellen, Timothy Russel, and Noah Eisenkraft. "Orchestral performance and the footprint of mindfulness." *Psychology of Music* 37, no. 2 (2009): 125–136.
5. Cialdini, Robert B., and Lloyd James. *Influence: Science and practice*. Vol. 4. Boston: Pearson education, 2009.

6. Arzy, Shahar, Mayer Brezis, Salim Khoury, Steven R. Simon, and Tamir Ben-Hur. "Misleading one detail: a preventable mode of diagnostic error?." *Journal of evaluation in clinical practice* 15, no. 5 (2009): 804-806.
7. Gawande, Atul. *Checklist manifesto, the (HB)*. Penguin Books India, 2010.
8. Reece, A. G., Reagan, A. J., Lix, K. L., Dodds, P. S., Danforth, C. M., & Langer, E. J. (2017). Forecasting the onset and course of mental illness with Twitter data. *Scientific reports, 7*(1), 1-11.
9. Ulrich, Roger S. "View through a window may influence recovery from surgery." *science* 224, no. 4647 (1984): 420-421.
10. Simons, Daniel J., and Christopher F. Chabris. "Gorillas in our midst: Sustained inattentional blindness for dynamic events." *perception* 28, no. 9 (1999): 1059-1074.
11. REF TO COME Gorilla
12. Yanai, Itai, and Martin Lercher. "A hypothesis is a liability." *Genome Biology* 21, no. 1 (2020): 1-5.
13. Wegner, Daniel M., David J. Schneider, Samuel R. Carter, and Teri L. White. "Paradoxical effects of thought suppression." *Journal of personality and social psychology* 53, no. 1 (1987): 5.

第 11 章

1. Rosenthal, Robert, and Lenore Jacobson. "Pygmalion in the classroom." *The urban review* 3, no. 1 (1968): 16-20.
2. Ibid